ゼロから学べる フリーランスと
スモールビジネスのための
［WordPress＆SNS］
Web集客 実践講座

泰道ゆりか

ソーテック社

「Web集客にチャレンジしたいけど何から始めたらいい？」
「SNSアカウントやWebサイトは持っているけど、集客につながらない……」

　Web集客というと**「難しそう」**というイメージを持っている人も多いのではないでしょうか。集客に苦手意識を持つ人は、商品やサービスを求めていない人を集めて、売り込んでしまっていることが多いです。せっかくいい商品やサービスを届けようとしているのに、相手に嫌がられてしまったら悲しいですよね。

　集客とは、商品やサービスを求めていない人に無理矢理セールスするものではなく、**あなたの商品やサービスを求めているお客さまを適切に集め、信頼関係を築き、本当に必要とする人に届けること**です。正しく集客をすれば、こちらからセールスせずとも、お客さまの方から「買いたい！」と言ってもらえるようになります。

　本書では、「こんなサービスを求めていた！」と喜んでくれる**お客さまに出会い、あなたのファンが自然とサービスを広めてくれる状態**をつくる、Web集客について解説します。
　メインで活用するツールは、**WebサイトとSNSの2つのみ。**
　具体的なツールの操作方法や使い方も解説をしているので、是非手を動かしながら取り組んでみてくださいね。

　Web集客をマスターして、あなたの素敵なサービスを、より多くの方に届けていきましょう！

CONTENTS

Web集客の基本

商品やサービスを販売する
Webサイトをつくろう

CONTENTS

第 **3** 章

魅せる画像やテキストでアピールしよう

SNSをビジネスで活用しよう

Web集客の導線を整えよう

CONTENTS

第 6 章

Webサイトで商品やサービスを販売しよう

第 1 章

Web集客の基本

「Webを使って集客できるようになりたい！」
「何から始めたらいいのだろう？」
Web集客を実現するためには、まずWeb集客の全体像を把握することが大切です。何が必要なのか？　どんな流れでつくればいいのか？　まずは集客の全体像を理解しましょう。

1-1
今こそ、Web集客を マスターしよう

Web集客の仕組みづくりができれば、低コストでリアル営業せずに売上に結びつけることができます。知っておきたい集客の基本や、取り組むべき理由、失敗しないための考え方についてお伝えします。まずは、Web集客を成功させるための前提知識をアップデートしましょう！

Web集客で、顧客の「ほしい」を自然に引き出す

　小規模事業者やフリーランスが事業を営む上で、**購入してくれる顧客に出会う＝「集客」は必須の活動**です。

　しかし、「集客に苦手意識がある」という人も意外と多いものです。苦手意識を持つ人に共通するのは、そもそも集客がどのような活動で、どのように進めればいいか？　という理解が漠然としていることが多いです。

　集客とは、**商品を購入してもらうために顧客を集める活動**のことです。

　「商品を購入してほしい」「サービスを利用してほしい」など、集客には必ずゴールが存在し、そのゴールに向かって**顧客と関係を深める導線をつくることが大切**です。

　以前は、チラシを配ったり、交流会に行ったり、広告看板を立てたり、ネットを使わない**オフライン集客**が主でした。オンライン集客は、時間がかかりコストも高めです。

　そのデメリットを、インターネットの力を用いて解消したのが**Web集客**です。SNSやWebサイトを使って、顧客を集め、あなたのことを知ってもらい、良い関係性を築き、Web上で購入までつなげます。

　自分の代わりにWebに働いてもらうことにより、今まで集客に奪われていた時間を顧客のために使え、ビジネスにプラスの循環が生まれます。

　あなたの事業を発展させていくために、Web集客は強い味方になってくれるのです。

今や２人に１人がネットショッピングを使う

　ここ数年で、ライフスタイルが大きく変わり、ネットショッピングの利用世帯割合が50%※を超えたという調査結果が出ています。つまり、ネット上で、商品やサービスを購入することは一般的になりました。

　さらに、小規模事業者やフリーランスがWeb集客に取り組むメリットは4つあります。

> ❶ オフライン集客に比べてコスパが良い
> ❷ あなたの商品やサービスが何万人もの人に届けられる
> ❸ 住んでいる国や地域関係なく情報を届けられる
> ❹ ファンやリピーターづくりにもつながる

コストを最小限に抑えたWeb集客の仕組みをつくろう

　Webを活用すると聞くと、「システムを使うのにお金がかかるんじゃない？」「結局、売上よりも経費の負担が大きくなってしまうのでは？」と気になる方もいらっしゃるかもしれません。

　本書では、**コストを最小限に抑えてWeb集客の仕組みを自分でつくる方法**をお伝えしていきます。本書で解説する**Web集客の仕組みをつくるためにかかるコスト・維持費の目安は年間15,000円程度**です。

　Web集客は、一度仕組みを作れば、低コストで維持ができます。Webの力で、効率よく顧客と出会い、関係を築きましょう。

※ 出典：総務省「家計消費状況調査」

1-2
Web集客の仕組みと 必要なツールの準備

Web集客を実現するためには、顧客が商品やサービスを購入するときの行動を理解することが大切です。Web集客の仕組みをつくるために、知っておくべき顧客の行動と仕組みの全体像を理解していきましょう。また、Web集客を実現するために必要なツールも準備しましょう。

Web集客の5つのステップ

顧客に自然と「この商品がほしい！」と思ってもらうためには、**人が商品を知ってから購入に至るまでの心理プロセスを理解し、そのプロセスに沿ってWeb集客の仕組みをつくること**が大切です。

人が商品を知ってから購入に至るまでの心理プロセスは、次のような5ステップになります。

❶認知 ➡ ❷興味 ➡ ❸比較検討 ➡ ❹購入 ➡ ❺シェア

第一に、顧客が「こんな商品やサービスがあるんだ！」と、Webやアプリ等のネット上から存在を❶**認知**します。
あなたのことや商品やサービスについて少しずつ知っていくうちに「なんか良さそうだなぁ」と❷**興味**が湧いてきます。
次に、他のサービスと比較してみたり、商品購入者の声をチェックし「どうしようかな？」と❸**比較検討**をします。
そして、「やっぱりこれにしよう！」と❹**購入**を決めるという流れです。
さらに、購入したものが想像より良ければ、誰かに❺**シェア**したくなります。

　あなた自身も普段、商品やサービスを購入するときには、このように行動しているはずです。自分がそのとき、実際にどんな行動をとっていたか、見比べながら考えてみましょう。

　Web集客の仕組みは、**人が商品やサービスを知ってから購入に至るまでの心理プロセス**、それぞれ必要なツールを用意し仕組みをつくっていきます。

顧客の行動に沿って、必要なWebツールを用意しよう！

▌顧客がサービスを購入するときの行動の流れ

　Web集客のためのツールは、上の図のように顧客の行動段階に沿ってそれぞれ用意します。

　❶認知では、より多くの人に知ってもらうために、TwitterやInstagramなどのSNSで情報を発信します。

　❷興味を持った顧客がより深い情報を得られるように、Webサイトやサービスページを用意し、SNSから誘導します。そして、ここで商品の**❸比較検討**を行います。

　最後に、Webサイトやサービスページから、決済システムなどを利用して**❹購入**できるようにしましょう。

　購入した顧客が感想を**❺シェア**をしやすいように、SNSなどを活用してシェアしやすい場をつくりましょう。

Web上でサービスを販売するために用意するツール

さまざまなWebツールがありますが、小規模事業者やフリーランスがWeb集客に取り組む際には、まずは次の3つを用意しましょう。

❶ SNS（TwitterやInstagram）
❷ Webサイト（サービスページ）
❸ 決済システム

これらを用意すれば、低コストに抑えて、集客から販売までシンプルな流れをつくることができます。

小規模事業者やフリーランスは、大企業のように最初から代理店を使って大きな予算で進めることは難しいので、初期投資を最小限に抑えてリスクのない状態で始めていきましょう。

それぞれのツールを利用するためにかかるコストの目安ですが、**SNS**（TwitterやInstagram）は基本的に無料で登録して使えるツールのため利用料などは発生しません。

そして、Webサイトを用意するためには、インターネット上にあなたのWebサイトの情報を保存する場所となる**レンタルサーバー**と、ページにアクセスするために必要なドメインの2つが必要になり、ドメインとサーバーの契約費を合わせて年間15,000円程度になります（詳しくは2章で解説）。

また、商品を販売する際に利用する決済システムは、サービスによってかかる手数料が異なりますが、売上に応じて決まったパーセンテージの手数料が発生するものが多いです。発生した売上に対して手数料が発生するものであれば、赤字になることはありません。

SNSで顧客に知ってもらい、Webサイトで深い情報を伝え、より興味を持ってもらい、決済システムを利用して購入するという流れになります。
この流れをつくることができれば、あなたはSNSを運用するだけで集客から販売までを完結できます。

1-3

届けたい顧客を考えよう

Webを活用して顧客を集めるためには、「どんな顧客に集まってほしいのか？」を明確にして伝えることが大切です。
顧客になる可能性のある人だけを集められるように、商品やサービスを届けたい顧客をイメージしてみましょう。

商品やサービスを喜んでくれる顧客を考えよう

　Web集客を行う上で大切なことは、「購入してもらう」という目的を達成するために、**商品やサービスを求めている人を正しく集めること**です。

　WebやSNSを活用すれば、商品の情報を多くの人に届けることができますが、闇雲に人を集めるのでは意味がありません。

　例えば、イラストレーターとしての活動を見てもらうためのSNSで、バズるからという理由で、流行りのスイーツの食レポをアップしたとします。

　フォロワーが増えても、増えたフォロワーはスイーツの情報に興味があるので、イラストには興味を持たないかもしれません。

　さらに、サービスを求めていない人にイラストを宣伝することで、「売り込まれた」と感じてしまうかもしれませんね。

サービスに興味がない人を集めても
購入にはつながらない

サービスを求めている人が集まれば
気持ちよく購入してもらえる

「商品やサービスに興味がありそうな人がどんな人なのか？」
顧客像を明確にし、そこに向けてアプローチすることが大切です。

人が商品やサービスを購入する理由

　人が商品やサービスを購入する理由は「今、悩んでいることを解決して、ほしい未来を手に入れたい」からです。

　あなたの商品やサービスを手に入れることによって、ほしい未来が手に入ることがイメージできると購入します。このように、**悩みを抱えている現在から、ほしい未来への「変化」に価値を感じる**のです。

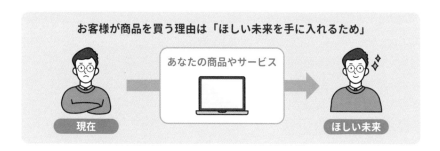

お客様が商品を買う理由は「ほしい未来を手に入れるため」

現在　　あなたの商品やサービス　　ほしい未来

　例えば、あなたがあと5キロ痩せたいと考えていたとします。でも、仕事が忙しく、ジムに通う時間を作るのは難しいので、何か手軽に身体を動かせる方法がないかな…と考えているとします。

　そんなときに偶然、通販番組で「忙しくてジムに通えない方におすすめの、自宅でできるコンパクトフィットネスマシーン」という商品が紹介されていたらどうでしょうか。「まさにそういうものがほしいと思っていたんだよね！」となります。

　しかし、同じ商品であっても、ジムに通うことに楽しさを感じてダイエットをしている人には、全く興味が湧かないものになるのです。

顧客をリサーチする３つの方法

あなたのサービスを求めている顧客はどんなことに悩んで、どんな未来を手に入れたいと思っているのでしょうか？

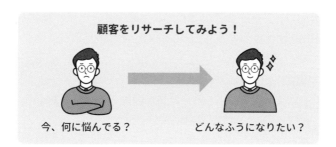

顧客をリサーチしてみよう！

今、何に悩んでる？　　どんなふうになりたい？

あなたの商品やサービスを求めている人について、２つのポイントを明確にする必要があります。

❶ 今何に悩んでいるのか（現在）？
❷ どんなふうになりたいのか（未来）？

これを明確にするには、次の３つの方法を使うと良いでしょう。

1. すでに購入した顧客にヒアリングをする

すでに購入した顧客やリピーターがいる場合には、なぜ自分の商品やサービスを購入してくれたのかヒアリングしてみましょう。ヒアリングすべきポイントは２つです。

❶ 購入する前に悩んでいたことや悩んでいたときの気持ち
❷ 購入した後に変わったことや気持ちの変化

実際に購入した顧客が、「どんな変化に価値を感じているのか」ということです。リアルな声を聞いてみましょう。

2.顧客になりそうな人に直接聞いてみる

これから、サービスを提供する場合は、顧客になりそうな人に次のような2つの方法で直接話を聞いてみましょう。

自分の頭の中だけで考えようとすると、独りよがりな商品やサービスになってしまいがちです。まずは周りの人に聞いてみたり、SNSやコミュニティを活用してヒアリングするのもいいでしょう。

> ❶「無料相談」を開催して、悩みをヒアリングする
> ❷「無料モニター」でお試しサービスを提供して感想を聞く

商品やサービスの打ち出し方が主観的になってしまう原因は、顧客の気持ちを想像できていない場合が多いです。積極的にコミュニケーションをとる機会をつくり、顧客のリアルな声を聴きましょう。

3.同業者の顧客の声をチェックする

同業者のWebサイトや商品やサービスをチェックすることで、「どんな人に向けてどのように訴求しているのか?」ということや、実際に利用している顧客の声を確認することができます。

直接聞く方法が難しい場合は、この方法がおすすめです。

1-4
あなたの商品やサービスの魅力を個性とともに伝えよう

あなたの商品やサービスのどこに魅力があるでしょうか？　どんなに良い商品やサービスであっても、その魅力が相手に伝わらなければ「ほしい！」と思ってもらうことはできません。商品やサービスの魅力があなたの個性とともに伝わるように、伝えるポイントを理解しましょう。

「ほしい」と心を動かす商品やサービスの伝え方とは？

　同じような商品やサービスが溢れかえる中で、あなたの商品やサービスを選んでもらうためには、顧客に「私に必要なものだ！」と思ってもらうよう伝えることが必要です。

　まずは、伝えるべき商品やサービスの魅力を整理しましょう。

サービスの魅力を考える2つの視点

> **メリット（利点）**
> サービスや商品の特徴や利点のこと
> **ベネフィット（便益）**
> メリットによってもたらされる変化や体験のこと

　メリットとベネフィットの違いを理解して、あなたの商品やサービスの魅力について伝えるべきポイントを整理しましょう。

　例えば、掃除機で有名な「ダイソン」で考えてみましょう。

ダイソンの掃除機

メリット

- パワフルな吸引力
- コードレス
- スタイリッシュ

ベネフィット

- キレイな部屋になる
- 手軽に掃除できる
- 所有欲が満たされる

顧客の商品やサービスについて伝えるときに、**強調すべきポイントはメリットよりベネフィットです**。人は商品そのものよりも、商品によって得られる未来に価値を感じるからです。

販売する側としては、メリットをたくさん伝えたくなりますが、顧客の視点に立つことを意識して伝えましょう。

「あなた」だからこそ提供する理由を考えよう

ここで小規模事業者やフリーランスだからこそ、**「他にも同じような商品やサービスはあるけど、あなたから購入したい！」**と選ばれるための大切なポイントをお伝えしましょう。

商品やサービスの背景にストーリー性を持たせる

小規模事業者やフリーランスは、大企業の提供する商品やサービスにはない、「あなた」という個人が提供していることに価値を出すことで、商品やサービスの価値はグッと高まります。

ただ「こんな商品やサービスを提供しています」というのではなく、**「私にはこんな背景があって、こんな想いがあり、こういう人の力になりたいと想って、この商品やサービスを提供しています」**とストーリー性を持たせて伝えることによって、顧客の共感を得ることができます。

例えば、私の場合、Webデザイナーとしてホームページ制作のサービスを提供していますが、そこにはこのようなストーリーがあります。

立教大学卒業後、銀行に就職。入社 3 年目で体調を崩し退職したことをきっかけに、「会社や環境に**縛られない働き方**を実現したい」と考えるようになり、働き方を模索する。
そこで WEB デザインと出会い、28 歳で**未経験からフリーランス Web デザイナーとして独立**。
女性が仕事を通じて、自分らしく輝き、理想のライフスタイルや生き方を叶えるためのサポートを精力的に行っています。

共感ポイント

#環境に縛られない働き方　#女性　#独立

どうでしょうか？　ただ「ホームページ制作をやっています」と言われるよりも、同じ女性だったり、同じ経験をしたことがある人には共感するポイントがあると思います。

　身近な例を挙げると、スーパーで売られている野菜の生産者の顔写真をつけたり、メッセージが添えられているイメージです。
　商品やサービスを提供している人のストーリーや想いを伝えることで、人柄が伝わり、共感を得られます。
　これが、「あなたから買いたい」と顧客に選ばれる理由になります。

　「なぜ、その商品やサービスを提供しようと思ったのか」を思い返し、あなたのストーリーを顧客に伝え、選ばれる存在になりましょう。

1-5
集客の成否を判断できる 3つの指標

Web集客がうまくいかないときは、どのように改善していけばよいかを判断できる指標を把握しておくことが大切です。集客のために、SNSのフォロワーが少ないのか、興味を持ってくれる人が少ないのか、購入に至る確率が低いのか、これらを押さえておきましょう。

客観的に判断できる「数字」を把握しよう

Web集客というと、こんな大変なことを想像してしまいます。

- 大勢に知ってもらうためにSNSを毎日更新しなくちゃいけない…
- 一人でも多くの人に知ってもらうために頑張らなくちゃ　など

　こうしたイメージのせいで、苦手意識を持っている人も多いかと思います。このようにWeb集客に振り回されてしまう原因は、集客が上手くいっているかどうか判断できる指標がないことです。

見込んでいる購入数につながっているのかを客観的に判断する

　あなたのWeb集客がうまくいっているかどうかを判断するために、チェックすべき3つの指標はこちらです。

❶ どのくらいの人とつながってる？
❷ どのくらいの人が興味を持っている？
❸ 最終的に購入した人数は？

　この3つの指標の数値がわかっていれば、集客がうまくいかないときに、具体的に何をどのように改善すべきかを判断することができます。

例えば、指標値が次のようなときはどうでしょうか？

- フォロワー数1,000人
- 5%にあたる50人の人がWebサイトにアクセスした
- 50人のうちの10%の5人が購入してくれた

　Webサイトに訪れた人の10%の人が購入していますが、アクセスしてくれた人はフォロワーの5%しかいません。この場合、**購入率を増やすための対策よりも、フォロワーにより興味を持ってもらうための工夫をした方がよい**と判断できそうですね。

　細かい数字を見るのが苦手な人でも、まずはこの3つの指標だけを把握できれば、集客の効率を上げることができます。

売上のゴールを決めて
仕事量を把握しよう

Web集客を成功させるために大切なことは、売上のゴール（最終目標）を決めることです。売上が設定できれば、かかる経費からほしい利益もわかります。ゴールを決めておくことで、仕事量も計画的にコントロールすることができ、疲弊してしまうことも防げます。

集客したい人数と単価を考えよう

　Web集客の最終的ゴールである **「購入数」** は、**あなたがつくりたい利益から逆算して考えてみましょう。**

　購入数は、もちろん多ければ多いほど嬉しいものですが、「このくらいの利益を出すために毎月○人集客しよう」と基準を決めておくことが大切です。

　売上を単価と購入数に分解し、最終的な利益はどのくらい出ているのかを把握しましょう。

　思うように利益を上げられない人は、「なんとなく利益が出ている状態」であるケースが意外と多いです。

　1円単位で細かく把握をしなくても大丈夫なので、改善したいときにテコ入れができるように、利益を分解して考えられるようにしておきましょう。

　具体的な手順は以下の3ステップになります。

- ❶ 目標利益を設定する
- ❷ 毎月必要な経費の額を出す
- ❸ 目標利益を達成できる単価と購入数を考える

❶目標とする利益を設定する

ここで大切なポイントは **「本当にほしい利益」** を考え設定してみることです。

小規模事業者やフリーランスとして働くと、残業時間の制限もなく、どこまでも数字を追えてしまいます。

あなたが本当に必要な利益をゴールの目安として設定しておくことで、数字に追われて疲弊してしまうこともなくなります。

生活に必要なお金＋税金を最低ラインとして、自分がどれだけ稼ぎたいかで決めましょう。

❷毎月必要な経費を出す

Web集客を行う際に、自分のホームページを持つ場合には、サーバーやドメイン取得などの**経費**が必ずかかります。

「いろいろお金がかかりそうだから、なかなかWeb集客には手を出せずにいる…」という人もいらっしゃるかもしれませんが、本書で紹介する方法であれば、Webサイトの開設・維持費として毎月1,000円程度です。

ただし、その他に、事業でかかる経費も計算しなくていけません。

商品を作って販売する方であれば原価（材料費）や、Webデザイナーであれば、PCや使用するソフトのライセンス費などです。

❸目標利益を達成できる単価と数

目標の売上を達成するには、**「ほしい利益＋かかる経費」** 分を売り上げる必要があります。そして、**売上は単価×数（客数や販売個数）**です。

この**単価と数の設定が大切**になります。

月に30万円の利益を得たいと考え、毎月2万円の経費がかかっていたとします。提供するサービスは、1枚1,000円のバナー作成サービスのみだったら、どうでしょうか？　目標利益30万円＋経費2万円の合計32万円分の売上を作るためには、毎月320枚のバナー作ることになり、現実的ではありません。

　このように、目標の利益に対して、商品やサービス単価と月にこなせる数が現実的でない設定になっていることが意外と多く見られます。

　それでは、少し単価を上げて、1枚10,000円のバナー作成サービスを提供したらどうでしょうか。目標利益30万円＋経費2万円の売上をつくるためには、月に32枚のバナー作成をこなせば達成できます。

　この計算式を理解して自分の目標を決めておくことによって、Web集客においてのお金の不安や、数字に追われてしんどくなってしまうという精神的な不安も軽減できます。

　そして、自分の目標を明確にしておくことによって、その数字を達成できたときの喜びが、次のステップにチャレンジする自信につながっていくのです。

　Web集客のゴールを決めて、あなたらしい働き方、Web集客のスタイルを確立していきましょう。

第 **2** 章

商品やサービスを販売する
Webサイトをつくろう

商品やサービスを販売するためには、あなたの商品やサービスの
情報にいつでもアクセスでき、申込みや購入のアクションを起こ
せるWebサイトが必要です。
集客につながるWebサイトの仕組みや構成、WordPressを使っ
たWebサイトの作成方法を学びましょう。

2-1
Web サイトの役割を理解しよう

顧客があなたの商品やサービスについて、「知りたい」と思ったときに、いつでもアクセスできる Web サイトを用意しましょう。
SNS と Web サイトの違いや役割を理解し、上手に掛け合わせて購入につなげましょう。

Web サイトは「インターネット上のあなたのお店」

あなたに興味を持ってくれた顧客が、「商品やサービスについてもっと知りたい！」と思ったタイミングで、商品やサービスの詳細が掲載されていて、購入までできる **Web サイト**や**ランディングページ**を用意しましょう。

SNS であなたの認知が広まっても、顧客が商品やサービスの詳細を知れず、申し込み方法がわからなければ購入につながりません。

顧客が、「気になる！　詳細を知りたい！」と思ったタイミングで情報を確認し、購入できるように Web サイトをつくります。

サービス案内の Web サイトがないと知りたい情報を得られない

購入につながらない…

ユーザーが知りたいタイミングで Web サイトから情報を得られる！

購入につながる！

Web サイトは、顧客が知りたいタイミングで、いつでも情報にアクセス

できるので、商品やサービスを案内するツールとして最適です。

SNSとWebサイトはどう違うの？

Web集客に必要なSNSとWebサイト、それぞれの特徴を理解して使い分けることが大切です。

使い分ける上でのポイントは「情報の受け取り方の違い」を理解することです。

SNSはフロー型メディア

SNSは、あなたのアカウントをフォローしてもらえれば、発信した情報を相手にリアルタイムで届けることができます。

しかし、タイムラインにどんどん情報が流れているので、他の人の情報に興味が移ってしまったり、過去の情報を見返したい場合には遡る必要があり、顧客のタイミングで知りたい情報にアクセスしにくくなります。

Webサイトはストック型メディア

Webサイトは、顧客にアクセスしてもらう必要があります。SNSのようにリアルタイムで情報を届けることには向いていません。

しかし、自社や商品・サービスの情報をわかりやすく整理して掲載できるので、顧客が知りたい情報にたどり着きやすい特徴があります。

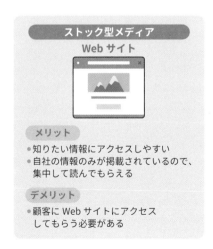

それぞれの特徴を活かし、以下のように掛け合わせて流れをつくること
で相乗効果を生むことができます。

---

❶ 拡散力のあるSNSで、ユーザーにリアルタイムの情報を届ける

**❷ あなたに興味を持ったユーザーが、SNSからWebサイトに
　いつでもアクセスできる導線をつくる**

❸ Webサイトには、より興味を深める詳しい情報を掲載する

　Webサイトは、SNSでは伝えきれない、詳しい情報をわかりやすく伝え
ることができ、興味を深めることで、購入に導く役割があります。
　簡単にいうと、足を運べばいつでも知りたい情報が確認できる、インター
ネット上のあなたのお店のようなイメージです。

　商品やサービスをほしい人を集めるのがSNSの役割、そこからより詳し
い情報を伝え、興味を深めて、購入へ導くのがWebサイトの役割です。

2-2 集客につながる Webサイトとは

Webサイトから集客や購入につなげるためには、顧客に「このWebサイトは私が知りたい情報が載っている！」と興味を持ってもらえるコンセプトや必要なコンテンツを用意することが大切です。
Web集客につながるWebサイトのポイントを理解しましょう。

主な役割は「認知の獲得」と「営業・販売」

Webサイトが持つ大きな役割は、以下の2つです。

❶ 認知の獲得　　検索エンジンの検索結果からの流入
❷ 営業・販売　　サービスを説明して、販売する

まず、1つ目は**「認知の獲得」**です。

Webサイトは、GoogleやYahoo! JAPANなどの検索エンジンの検索結果で上位表示されるための**SEO対策**をすることで、検索エンジンから新しいユーザーの流入を増やすことができます（詳しくはP226解説）。

そして、2つ目は**「営業・販売」**です。

顧客が「ほしい！」と思ったタイミングで、商品やサービスの詳しい内容を説明し、申込みや購入ができるようにすることで、販売を自動化できます。インターネット上で24時間営業しているお店のような役割を果たしてくれます。

認知の獲得
人を集める
●SEO対策

営業・販売の役割
ネット上のお店
●商品やサービス紹介
●販売ページの用意

コンセプトを考えよう

Webサイトに訪れたユーザーに「このWebサイトには、私が知りたい情報が載っていそう！」と思ってもらうためには、コンセプトが必要です。

コンセプトとは、**Webサイトの方向性を示すもの**です。

ユーザーは、そのWebサイトでどんな情報を得られるか判断できないと、すぐにページを閉じてしまいます。「自分に必要なものだ！」と思ってもらえるように、端的にコンセプトを伝え、Webサイトに興味を持ってもらえるように工夫しましょう。

それでは、具体的にコンセプトはどのように考えたらいいのか？　3つのポイントを解説します。

コンセプトの3つのポイント

コンセプトは「誰に」「何を伝え」「どんな未来を提供するのか」という3つのポイントを明確にすることが大切です。

本書を例に見ていきましょう。

誰に	何を伝え	どんな未来を提供するのか？
Web集客に悩んでいる、または今後チャレンジしたい個人事業主・フリーランス	自然に選ばれるWeb集客を実現する方法やWebツールの使い方	集客の苦手意識がなくなりWeb集客を実践できて自信につながる未来

誰に

あなたのWebサイトはどんな人に見てほしいのかを決めましょう。

商品やサービスと同様、あなたの発信する情報を見て「こんな情報を求めていたんだよね！」と喜んでくれる人はどんな人か？　具体的に考えてみましょう。

何を伝え

具体的にどんな情報を発信するのか？　発信内容の軸を決めましょう。

「誰に」あたる相手にとって、気になる情報や役に立つ内容であることが大切です。

どんな未来を提供するのか？

　あなたが発信する情報を得ることで、どんな未来が実現できるのか？を考えましょう。

　顧客にとってほしい未来を提示することで、興味を惹くことができます。

　Webサイトに掲載する情報やコンテンツを考える上で大切なことは、**ただ自分が伝えたい情報を羅列するのではなく、届けたい相手が求めている情報をわかりやすく伝えること**です。

　まずはWebサイトのコンセプトを決めることで、どんな情報やコンテンツを用意すべきか？　顧客視点で考えることができます。

　あなたのWebサイトでは、「誰に」「何を伝え」「どんな未来を提供するのか？」この3つのポイントを考えてみましょう。

掲載すべきコンテンツ

　Webサイトに掲載すべきコンテンツは、以下6つになります。

❶ コンセプト	誰に、何を伝え、どんな未来を提示するのか
❷ 自己紹介	あなたはどんな想いを持って活動してるか
❸ 商品やサービス内容	具体的にどんなものを販売しているのか
❹ 実績／事例	仕事の実績や顧客の声
❺ 共感につながる想い	あなたの価値感や考え方
❻ 購入導線	購入する方法の提示

❶ コンセプト

　Webサイトに訪れた人が「あ、これは私が知りたい情報が載ってそう！」と瞬時に興味を持ってもらえるように、**トップページなど最初に目が入る部分でコンセプトを端的に伝える**ことが大切です。

　Webサイトを訪れた人は、数秒で「続きを見るかどうか」を判断するた

め、すぐに伝わらないとページから離脱されてしまう可能性もあります。

　キャッチコピーや、視覚的に伝わる写真や画像などを組み合わせて、パッと見てコンセプトが伝わるように工夫しましょう。

コンセプト
TOP ページの目立つところに、コンセプトがわかるキャッチコピーを入れる

② 自己紹介

　顧客に安心感を与えるために、「あなたがどんな人なのか？」が伝わるプロフィールを掲載しましょう。

　魅力的な商品やサービスでも、販売者の情報がまったくわからないと、購入を検討している人は不安になります。

　名前や肩書き、出身地などの基本属性や、今の活動やお仕事に至るまでのストーリーなどを盛り込み、「この人なら安心してお願いできそう！」と思ってもらえるような信頼や共感につながる内容にしましょう。

プロフィール
あなたに興味を持っている人が読んで、信頼や共感につながる内容を盛り込む

③ 商品やサービス内容

　販売している商品やサービスについて、具体的な内容や価格、アフターフォローなど、詳細がわかるように記載しましょう。

　商品やサービスページは、ただ淡々と内容を掲載するのではなく、ユー

ザーに「ほしい！」と思ってもらえるように、メリットとベネフィットを踏まえて、読み手が「購入したらこんな未来が手に入るんだ！」とほしい未来を想像できるような内容を入れましょう。

サービス内容

ベネフィットも
しっかり伝えよう

❹ 実績／事例

具体的な仕事の実績や取引先を掲載することで、検討している顧客の購入を後押しする役割を果たします。

また、購入者の感想（お客さまの声）を掲載するのもおすすめです。購入を迷っている人が、実際に購入した人の感想や変化を知ることで、購入した未来を想像でき、「こんな風になれるなら、私も購入してみたい」という気持ちを持ちやすくなります。

実績・事例

過去の仕事の実績や、
購入者の感想を掲載する
ことで、商品を身近に感じ
られるようにしましょう

❺ 共感につながる価値観や考え

あなたがどんな価値観を持って活動し、情報を発信しているのかを伝えることは、顧客の共感につながり「あなただから」と選ばれる要素になります。

⑥ 購入導線

商品やサービスの詳細を見て、「購入したい」と思った人が購入できるよ
うに、申込みフォームや決済システムを設置しましょう。

顧客の心が動いたタイミングでアクションを取れるようにするのがポイ
ントです。

目的に合わせてWebサイトの構成を考えよう

Webサイトは「あなたの情報をまとめてチェックできるパンフレット」、
ランディングページ（LP）は「1つのサービスを販売することに特化した
チラシ」のようなイメージです。

あなたの活動やサービス内容に合わせて、適した構成でページを用意し
ましょう。

2-3

準備はどうするの？

Webサイトを初めて作る場合、どのように準備したらいいのか？　自分でつくれるものなのか？　迷うポイントですよね。Webサイトをつくるために必要なもの、運用コスト、自分でつくる方法を理解して、自分に合った方法でWebサイトを準備しましょう。

Webサイトは自分でつくれるの？

Webサイトを用意する方法としては、**❶自分でつくる**、**❷プロに頼む**の2つの方法があります。それぞれの方法は以下の通りです。

自分でつくる

自分でサーバーやドメインを取得して、Webサイトをつくります。専門的な知識がなくても、Webサイトを簡単につくれるツールやサービスを使うことで、初心者でも比較的簡単につくれます。

メリット
- 経費を最小限に抑えられる
- 自分で作成、運営ができる

デメリット
- 自分で作業する手間がかかる

こんな人におすすめ！
- パソコン作業が苦でない人
- 自分で運用をしたい人
- できるだけコストをかけず、簡単なWebサイトをつくりたい人

プロに頼む

Webサイトをつくるプロに制作を依頼します。ココナラやクラウドワークスなどのクラウドソーシングサービスを利用すれば、数万円〜の費用で依頼することができます。

メリット
- 自分でつくる手間が省ける
- クオリティにこだわれる

デメリット
- 経費がかかる
- 都度更新依頼する必要がある

こんな人におすすめ！
- 本業が忙しく、時間がない人
- お金をかけてしっかりしたものをつくりたい人
- できる限り手間をかけたくない人

それぞれのメリット・デメリットを踏まえ自分に合った方法を選びましょう。

「どちらがいいか悩む……」という方は、まずはコストをかけずに、自分で簡単なWebサイトをつくってみることをおすすめします。

一度自分でつくってみることで、Webサイトをつくる作業を把握でき、知識も得られるので、「やっぱりプロに頼もう！」と考えたときにもその経験が役に立ちます。

運営するために必要なもの

Webサイトを運営するために必要なものは、❶**サーバー**と❷**ドメイン**の2つです。

レンタルサーバーサービスやドメイン取得サービスを利用することで、初心者でも簡単に用意することができます。

> ❶ **サーバー**
> ネット上にWebサイトを公開するために、Webサイトのデータを保存しておく場所です。
> ❷ **ドメイン**
> Webサイトの場所を示すための文字列のこと。
> Webページにアクセスするために、すべてのWebページには「http://abcde.com」といった形の「URL」が設定され、そのURLの一部を構成するものがドメインです。

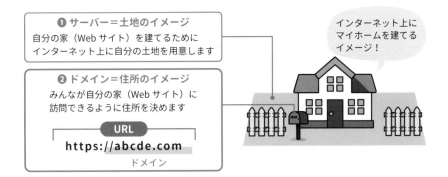

> ❶ サーバー＝土地のイメージ
> 自分の家（Webサイト）を建てるためにインターネット上に自分の土地を用意します
>
> ❷ ドメイン＝住所のイメージ
> みんなが自分の家（Webサイト）に訪問できるように住所を決めます
>
> URL
> https://abcde.com
> ドメイン
>
> インターネット上にマイホームを建てるイメージ！

サーバーは、数多くの**レンタルサーバー**のサービスが国内で提供されています。料金、データ量、性能などを比較して、いずれかのサービスと契約しましょう。

ドメイン取得サービスも同様に多くの会社から提供されています。ドメイン維持の費用、サービスの充実度などを比較して選びましょう。

ドメインは、自分の好きな文字列で取得することができ、このオリジナルのドメインのことを**「独自ドメイン」**と呼びます。

独自ドメインは、「.（ドット）」の前の文字列を自由に設定でき、「.（ドット）」の後ろの部分にあたる「com」や「jp」などの末尾の部分は、用意された種類の中から選択する形になります。

ドメインを決めるときの注意点

ドメイン名は「あなたの活動やサービス」が伝わる文字列に設定することがおすすめです。

例えば、個人のデザイナーであれば、「design」という単語をドメインに入れることで、ユーザーがドメインを見たときに「デザインの仕事をしてるのかな？」とイメージが湧きやすくなります。

あなたの活動やサービスと関連づけて、覚えてもらいやすいドメインを取得しましょう。

また、日本語ドメインは使えるサービスが限られているので、**なるべく英数字を使って、長すぎず、覚えやすい、また入力しやすいドメイン名**にしましょう。

運営するためにかかるコスト

　Webサイトを運営するために必要なコストは、サーバーとドメインの取得費＋維持費になります。

　会社や契約プランなどによって異なりますが、レンタルサーバーは年間10,000円〜15,000円程度です。また、ドメインは年間100円〜数千円程度で、好きな種類を選ぶことができます。

　つまり、サーバーとドメイン合わせて年間15,000円程度のコストで、自分のWebサイトを運営することができます。

　Webサイトを自分でつくる場合にかかるコストは、基本的にはこのサーバーとドメインの維持費のみです。

▌ レンタルサーバーの費用目安

レンタルサーバー名	URL	月額費用	初期費用
ロリポップ！レンタルサーバー	https://lolipop.jp/	440円	1,650円
さくらインターネット	https://rs.sakura.ad.jp/	425円	無料
エックスサーバー	https://www.xserver.ne.jp/	990円	無料

※2023年1月現在。各社スタンダードプランで比較
　契約期間や支払い方法、その他キャンペーンなどで料金は変動します。

　また、費用を払う際は、自動更新にするのがおすすめです。うっかり更新を忘れてしまうと、サーバーにアップしているデータにアクセスできなくなります。

　専門業者に依頼してつくってもらう場合には、Webサイトをつくる制作費と別にサーバー・ドメインの取得費や完成後の更新管理費がかかってくるケースもあります。

　専門業者に制作を依頼するときは制作費だけでなく、サーバーやドメインの取得費や更新管理費についても事前に確認しておきましょう。

Webサイトを
自分でつくってみよう

Webサイトを自分でつくってみたいけど、どうしたらいいの…？
簡単にWebサイトがつくれるサービスやツールを利用すれば、専門的な
知識がない初心者さんでも簡単にWebサイトをつくることができます。

自分で用意しよう！　ツールの紹介

　専門知識がなくても、簡単にWebサイトをつくることができるツールや
サービスを利用することで、Webサイトを自分でつくることができます。

　初心者さんも利用しやすい、よく使われているWebサイト作成ツールや
サービスについてご紹介します。

❶WordPress	HTMLやCSSを解読できなくても、Webサイトをつくることができるソフトウェアです。Webサイトはもちろん、ブログも簡単に更新できます。サーバーとドメインが必要になりますが、自分の所有物となるため自由度高く運営することができます。（https://wordpress.org）
❷STUDIO	テンプレートなども豊富に用意されており、ノーコードでデザイン性が高いものをつくれるので、最近人気が高まっています。プランによっては無料で利用することも可能です（広告表示あり）。（https://studio.design/ja）
❸ペライチ	ノーコードでWebサイトを作成でき、特にランディングページをつくりたい人に向いているサービスです。お問い合わせフォームの設置や、オンライン決済、予約機能も設置することができます。こちらも無料プランがあります。（https://peraichi.com）
❹BASE	ネットショップ機能がメインになりますが、デザインテーマも豊富で、デザイン性の高いサイトがつくれます。決済機能付きのWebサイトをつくりたい人におすすめのサービスです。（https://thebase.in）

　❶は、インストールして使う「ソフトウェア」です。契約したレンタル
サーバーを使って、簡単にインストールすることができます。

　❷～❹のようなWebサイト作成サービスを利用する場合は、サーバーと
ドメインの費用はプランの中に含まれる場合が一般的です。

事業者にはWordPressがおすすめ！

　WordPressはコンテンツページを作成しやすく、商品やサービスの販売者にとって重要な情報発信がしやすいため、事業者におすすめです。

WordPressとは？

　Webサイトをつくる言語の専門知識なくても簡単につくったり、編集できる無料のソフトウェアです。

　Webサイトがつくれるソフトウェアを、**CMS**（コンテンツ・マネジメント・システム）といいます。

　全世界のWebサイトの約4割はWordPressでつくられており、CMSの中で圧倒的なシェア率を誇る、世界で一番利用されているソフトです。

WordPress は簡単に Web サイトをつくったり、
編集できる無料のソフトウェア

**全世界の Web サイトの 40% を
占める圧倒的シェア**

Word
Press

参照：W3Techs（https://w3techs.com/technologies/details/cm-wordpress）

WordPressではどんなことができるの？

　WordPressでは、Webサイトの見た目を簡単に変更したり、便利な機能を追加したり、運営していく上で便利な機能がたくさんあります。具体的な内容を確認してみましょう。

WordPressでできること

　❶ 直感的に操作ができ、簡単にページが作成できる
　❷ テーマで「見た目」を簡単に変えられる
　❸ 便利なアプリ「プラグイン」で機能を追加できる

④「投稿」機能でブログを更新できる
⑤ 様々な種類のWebサイトを簡単に作成できる

❶ 直感的に操作ができ、簡単にページを作成できる

WordPress標準装備の**ブロックエディター**を使えば、画像を並べたり、ボタンを作成したり、簡単にレイアウトを行うことができます。下の図のように並んでいるブロック項目から、設置したいテキストや画像などのアイテムを選んで細かく設定することが可能です。

ブロック項目

ページの作成

❷ テーマで「見た目」を簡単に変えられる

WordPressには**「テーマ」**という**デザインやレイアウトを決めるテンプレート**がたくさん用意されています。一から自分でレイアウトやデザインを考えなくても、テーマを使えば、画像やテキストを当て込むだけでWebサイトが完成します。

また、テーマを変更するだけで、簡単にサイトの見た目を変えることができます。

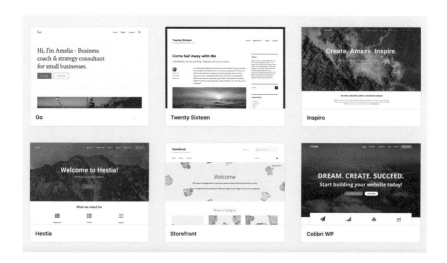

❸ 便利なアプリ「プラグイン」で機能を追加できる

WordPressでは **「プラグイン」** を使って、お問い合わせフォームの作成やバックアップなど様々な機能を、自分のスマートフォンにアプリを追加するような感覚で、簡単に追加できます。

❹ 「投稿」機能でブログを更新できる

WordPressの投稿機能を活用することで、Webサイトの中でブログを更新することができます。

固定された情報だけでなく、時系列で表示できる投稿機能を活用し、ブログを更新したり、新着情報を発信することで、Webサイト内でユーザーに新しい情報を届けることができます。

❺ 様々な種類のWebサイトを作成できる

　WordPressはブログや一般的なWebサイトはもちろん、会員制サイトやECサイト、予約カレンダー導入といった機能付きのWebサイトをつくることも可能です。複雑な機能も、プラグインなどを利用することで簡単に設置することができます。

WordPressでサイトを開設してみよう

　WordPressを始めるために必要なものは、**「サーバー」**と**「ドメイン」**の2つのみです。

　一般的な方法としては、サーバー契約を行い、ドメインを取得し、WordPressをインストールするという流れになります。

　今回はサーバーの契約・ドメインの取得・WordPressの開設が一度にできる、**レンタルサーバー「Xserver」のクイックスタート機能**を利用する方法を解説します。

一般的なWordPress開設の流れ

レンタルサーバー「Xserver」の
WordPressクイックスタート機能で一度に設定できる！

◢1◣ 「Xserver」の公式サイトを開く

「Xserver」の公式サイトを開き、[お申し込み] をクリックします。

◢2◣ 新規お申し込みをする

「初めてご利用のお客様」の **[10日間無料お試し 新規お申込み]** をクリックします。

◢3◣ サーバー契約内容を選択する

「サーバー契約内容」が表示されたら契約内容を選択します。

サーバーIDは初期設定のままでも、自分の好きな文字列に変更する形でも大丈夫です。プランは「スタンダード」プランを選択します。

そして、今回はサーバー契約・独自ドメイン取得・WordPress開設を同

時に行える「WordPressクイックスタート」を利用するので、「WordPress
クイックスタート」の欄の**[利用する]**をクリックして、チェックを入れ
ましょう。

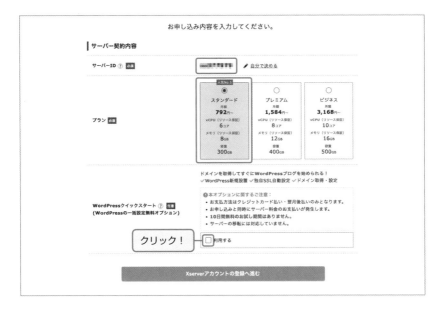

「お申込み前にご確認ください」という表示が出るので、内容を確認して
[確認しました]をクリックしましょう。

WordPressクイックスタートを利用する場合には、無料お試し期間は利
用できず、**契約と同時に費用が発生**する形になります。

WordPressクイックスタートを利用せずに、まずは10日間の無料お試し
でサーバー契約を行うことも可能です。その場合には、サーバー契約とは
別に、独自ドメイン、WordPressの開設を行う必要があります。

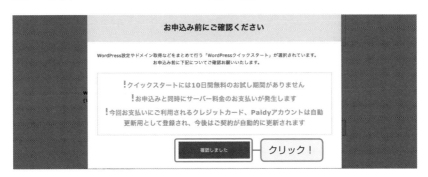

❹ サーバー契約内容を入力する

　すると契約内容入力項目が表示されるので、各項目を入力し、すべての入力が完了したら［Xserverアカウントの登録へ進む］をクリックしましょう。

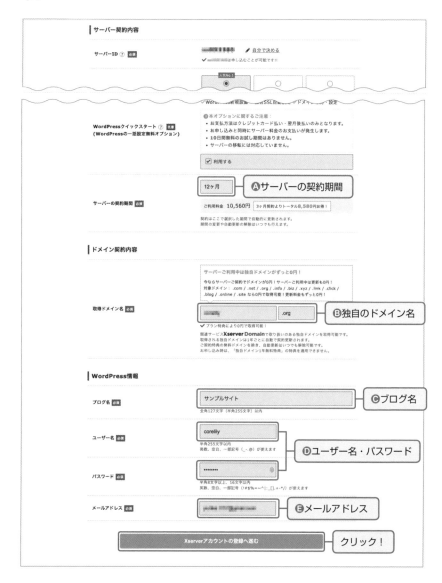

Ⓐ サーバーの契約期間

　サーバーを契約する期間を選択します。契約年数が長いほどお得になりますが、好きな年数で大丈夫です。期間に迷う場合は、12ヶ月がおすすめです。

Ⓑ 取得のドメイン名

　取得する独自ドメインを入力します。希望の文字列を入力しましょう。

Ⓒ ブログ名

　開設するWordPressのサイトの名前を入力します。WordPress開設後に、WordPressの管理画面から変更できます。

Ⓓ ユーザー名・パスワード

　WordPressログインアカウントのユーザー名とパスワードを設定します。

Ⓔ メールアドレス

　WordPressに紐付けされるメールアドレスです。

5 Xserver アカウント情報を入力する

　続いて、Xserverのアカウント情報を入力します。各項目を入力し、[次へ進む] をクリックします。

6 確認コードを入力する

メールアドレスに確認メールが届くので、メール記載の確認コードを入力し [**次へ進む**] をクリックします。

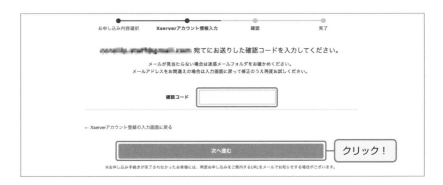

7 入力内容を確認する

入力内容を確認して「**SMS・電話認証へ進む**」をクリックします。

8 本人確認を行う

SMS・電話番号による本人確認を行います。各項目を入力し**［認証コードを取得する］**をクリックします。

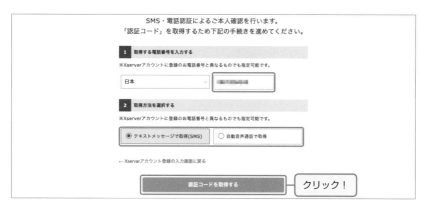

届いた認証コードを入力し**［認証して申し込みを完了する］**をクリックします。

9 申込み完了メールを確認する

「お申し込みが完了しました。」と表示が出たら、申込みが完了になります。**[閉じる]**をクリックすると、Xserverの管理画面が表示されます。

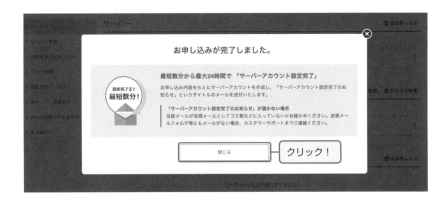

申込みが完了すると、登録したメールアドレス宛に申込み完了メールが届きます。契約内容の情報が記載されているので、しっかり保管しておきましょう。

開設したWordPressにログインしよう

1 Xserver サーバーパネルを開く

Xserverのサーバーパネルを開き、開設したWordPressを確認しましょう。**[サーバー管理]** をクリックします。

※契約直後は「サーバー設定中」と表示されている場合があります。少し時間を置いてからリロードして確認しましょう。

「サーバーパネル」から **[WordPress簡単インストール]** をクリックします。

2 WordPressを確認する

「ドメイン選択画面」が開いたら、取得した独自ドメインの欄にある **[選択する]** をクリックしましょう。

すると「WordPressクイックスタート」の設定で開設したWordPressの
情報を確認できます。

　開設したWordPressを確認してみましょう。**[サイトURL]** の欄のURL
をクリックします。

　開設したWordPressサイトが開きます。デザインはWordPress初期設定
のテーマになっています。

　このURLにアクセスすれば、誰でもあなたのWordPressサイトを閲覧す
ることができるようになっています。

　初期設定のWordPressを自分のオリジナルのWebサイトに編集していき
ましょう。

※レンタルサーバー契約直後やWordPress開設直後は、すぐにWordPressサイトが表示されない場合があります。1日程度時間がかかる場合もあるので、表示が確認できない場合は少し時間を置いてから再度開いてみましょう。

3 WordPressにログインする

それでは、WordPressにログインしましょう。**[管理画面URL]**の欄のURLをクリックします。

WordPressログイン画面が開くので、WordPress開設時に設定した［ユーザー名］と［パスワード］を入力して**［ログイン］**をクリックします。

ログインすると、**WordPressの管理画面＝ダッシュボード**が開きます。ダッシュボードから、ページの作成やデザインカスタマイズなど、WordPressの設定を行うことができます。

ダッシュボードの操作画面の役割を覚えよう

WordPressの設定や編集は、ダッシュボードから操作することが可能です。ダッシュボードの操作画面の構成や、それぞれの役割について確認しましょう。

Ⓐ ツールバー

Ⓐ ツールバー

画面上部の黒いバーが**「ツールバー」**です。ツールバーはログインすると ダッシュボードだけでなくサイト上にも表示されます。サイトを表示したり、メニューの一部機能にクイックアクセスが可能です。

Ⓑ ナビゲーションメニュー

画面左の列は、様々な機能が並んでいる**「ナビゲーションメニュー」**です。 WordPressの設定をしたり、ページを新しくつくって編集するなど、すべてナビゲーションメニューから設定を行います。

項目がたくさんありますが、頻繁に使うメニューは「投稿」「メディア」「固定ページ」「外観」「プラグイン」「設定」の6つです。まずはよく使うメニューから理解すれば問題ありません。

Ⓒ 作業画面

ナビゲーションメニューで選択したメニューに対応して編集や設定の内容が表示され、実際に操作するスペースです。

ツールバーからサイトを表示しよう

ツールバーからWebサイトを表示することができます。

ツールバーの左側部分に表示されている［あなたのサイト名］（ご自身で設定したサイト名が表示されます）にカーソルを当てるとメニューが出てくるので［**サイトを表示**］をクリックしましょう。

ダッシュボードから編集を行い、Webサイトに反映されているか確認するときなどに「サイトを表示」は頻繁に使用するので覚えておきましょう。

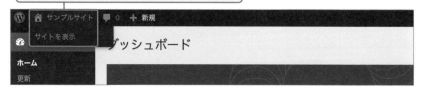

> そのままクリックすると同じ画面でページ遷移する

POINT ☞ サイトを別タブで開いて作業効率アップ

Ctrlキー（Macの場合はcommandキー）を押しながらクリックすると、別タブで開くことができます。ダッシュボードと別タブでサイトを開いておくと作業がしやすくて便利です。

覚えて
おきたい ショートカットキー

別タブで開く

(Ctrl) + ⏴

（Macの場合：commandキー）

■ サイトが表示されました

ログイン状態でサイトを開くと、
このようにツールバーが表示される

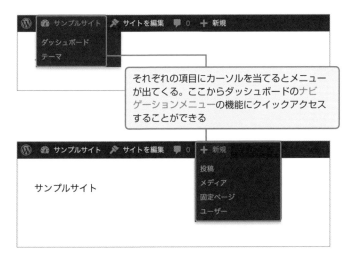

それぞれの項目にカーソルを当てるとメニューが出てくる。ここからダッシュボードのナビゲーションメニューの機能にクイックアクセスすることができる

POINT 👉 ツールバーは非表示設定ができる

サイト上に表示されるツールバーは、ダッシュボードメニューの［ユーザー］＞［あなたのプロフィール］＞［サイトを見るときにツールバーを表示する］のチェックを外すと非表示にできます。

サイトの名前と説明を設定しよう

1 一般設定を開こう

WordPress全体の設定は、ダッシュボードのナビゲーションメニューの「設定」>「一般」から行います。サイトの名前と説明を設定しましょう。

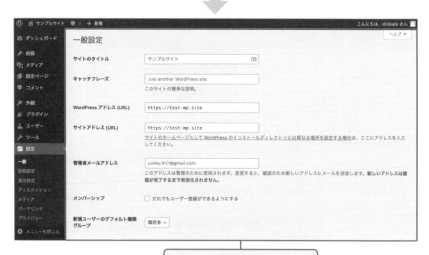

[一般設定] が設定画面に表示

2 サイトのタイトルとキャッチフレーズを設定しよう

初期設定では［サイトのタイトル］と［キャッチフレーズ］を設定します。

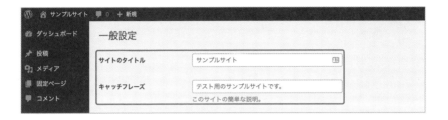

・サイトのタイトル　　Webサイトの名前
・キャッチフレーズ　　Webサイトの簡単な説明

POINT ☞ 「何のサイトなのか？」わかりやすく伝わる設定をしよう

ここで設定したキーワードが、検索エンジンに反映されます。
「このサイトは何のサイトなのか？」をわかりやすく記入しましょう。

サイトのタイトルには、XserverのWordPress設定時に入力したタイトル名が反映されています。
各項目に入力ができたら、ページの一番下にある**［変更を保存］**を選択して保存しましょう。
「設定を保存しました。」と表示されたら保存は完了です。

設定内容がWebサイトに反映されているか確認してみましょう。Webサイトをリロード（再読込み）して入力内容が反映されていれば大丈夫です！

テーマを変更しよう

WordPressには、**Webサイトのデザインや構成を決めるテンプレートのような「テーマ」**というものがあります。

自分がつくりたいWebサイトの形に合ったテーマを選ぶことで、簡単にイメージ通りのWebサイトをつくることができます。

WordPress開設時には初期設定のテーマが反映されていますが、今回はビジネス用のWebサイトに向いている **[Lightning]** という無料テーマに変更してみましょう。

▌ 初期設定のテーマ

▌ テーマ「Lightning」に設定

◼ テーマを確認する

ダッシュボードの左側のメニューの **[外観]＞[テーマ]** をクリックします。

「テーマ」のページが開きます。WordPress開設時は３つのテーマがインストールされている状態です。一番左の［有効］と表示されているテーマが、現在反映されているテーマになります。

新しいテーマを追加します。画面左上の**［新規追加］**をクリックしましょう。

2 テーマを検索する

［テーマを追加］というページが開きます。こちらからテーマを検索したり、新しいテーマをインストールすることが可能です。

今回は「Lightning」のテーマを使用するので、右上の［テーマを検索］と表示されている検索BOXに［Lightning］と入力をしてテーマを検索しましょう。

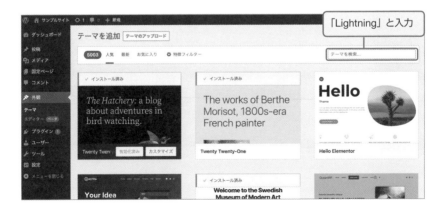

❸ テーマを反映しよう

　検索結果に［Lightning］のテーマが表示されたら、テーマをインストールします。［Lightning］のテーマの**［インストール］**をクリックします。

　インストールが完了すると、ボタンの表示が［有効化］に変わるので、**[有効化]**をクリックしましょう。

4 テーマの反映を確認しよう

「新しいテーマを有効化しました。」と表示されたら、テーマの有効化が完了です。

自分のWordPressサイトを開いて、Lightningのテーマが反映されているか確認をしてみましょう。

このようにテーマが反映されていたら設定は完了です。

有効化したテーマをベースに、デザインをカスタマイズしたり、ページを追加・編集して、オリジナルのWebサイトを完成させましょう。

2-5
デザインを
カスタマイズしよう

WordPressでは、テーマに応じてデザインをカスタマイズできます。同じテーマを使っても、使用する色や画像によって、Webサイトの印象をガラッと変わります。あなたがWebサイトを見てほしい顧客に合わせて、デザインをカスタマイズしましょう。

　Lightningのテーマでは、サイト全体の配色やトップページスライドショーの設定などが可能です。

カスタマイズ画面を確認しよう

カスタマイズ画面を開いて、操作画面を確認しましょう。
ナビゲーションメニューの**「外観」**＞**「カスタマイズ」**をクリックします。

テーマをカスタマイズできるページが表示されます。右側にはWebサイトのプレビュー画面が表示され、左側のメニューから各項目の設定や編集が可能です。

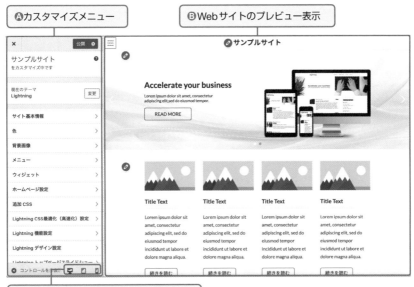

Ⓐ カスタマイズメニュー
Ⓑ Webサイトのプレビュー表示
Ⓒ 各デバイスのプレビュー表示の切り替え

Ⓐ カスタマイズメニュー

テーマ全体に関するデザインカスタマイズの設定が可能です。

Ⓑ Webサイトのプレビュー表示

カスタマイズメニューで設定した内容を、こちらのプレビュー表示で確認することができます。

Ⓒ 各デバイスのプレビュー表示の切り替え

プレビュー表示は、パソコン・タブレット・スマートフォンそれぞれの画面サイズに切り替えることが可能です。

▌ タブレット表示

▌ スマートフォン表示

　　カスタマイズメニューの設定項目は、テーマによって部分的に異なりま
す。テーマを選ぶときに、どこをカスタマイズできるテーマなのかを確認
できると、イメージに近いWebサイトをつくりやすくなります。

色を変更してみよう

1 色を選択してみよう

　カスタマイズメニューの [色] をクリックすると、カスタマイズメニュー

が「色」の詳細メニューの画面に切り替わります。

　背景色やキーカラーの設定が可能です。キーカラーの [色の選択] の部分をクリックすると、色を選ぶためのカラーピッカーが表示されます。
　カラーピッカーから色を選ぶか、カラーコードを入力することで色を指定することができます。

2 選択した色で公開する

色を指定したら、変更内容を保存しましょう。カスタマイズメニューの右上にある[公開]という青いボタンをクリックします。保存が完了すると「公開済み」というグレーのボタンに表示が変わります。

保存が完了したら、 ⟨ をクリックしてカスタマイズメニュー一覧に戻りましょう。

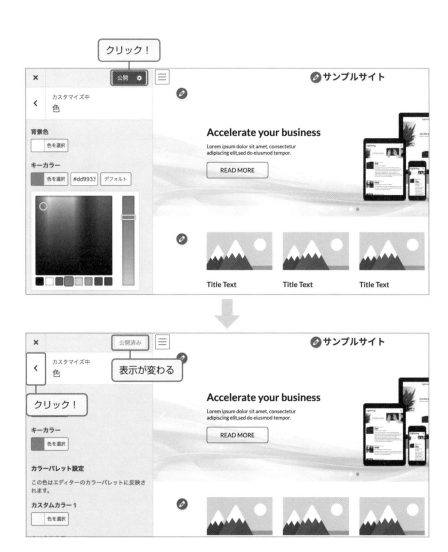

スライドショーの画像を変更してみよう

　トップページに表示されている**スライドショー**は、ユーザーがトップページを開いたときに一番最初に目に入る部分です。

　ユーザーに与える印象を大きく左右する部分になるので、伝えたいイメージに合わせて画像を選びましょう。

■ スライドショーの詳細設定

カスタマイズメニューの [Lightning トップページスライドショー] から
設定できます。

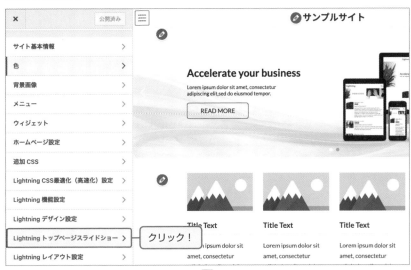

クリック！

スライドショーの詳細設定が
できる画面が表示される

❷ 画像をアップロードする

　スライドは5つまで設定が可能です。初期設定ではスライド1、2が設定されています。スライド1の画像を変更してみましょう。

　[1] スライド画像の部分の **[画像を変更]** をクリックし、表示したい画像をアップロードします。

3 画像を選択する

　[**ファイルを選択**]をクリックすると、パソコン上のデータを選択する画面が開くので、アップロードしたい画像を選択し、[**開く**]をクリックします。

　メディアライブラリにアップロードした画像が表示され、チェックが入っていることを確認したら[**開く**]をクリックします。

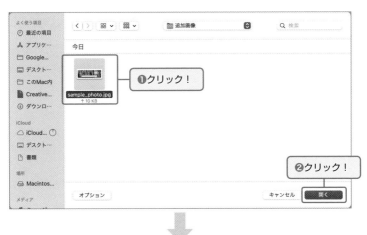

4 画像を公開する

　アップロードして選択した画像が反映されていることが確認できます。

　カスタマイズメニューの右上にある[公開]ボタンをクリックして、変更を保存します。

5 変更した画像を確認する

　Webサイトの表示を確認すると、設定したスライドショーの画像が反映されていることが確認できます。

　画像の上に表示されているテキストは、スライドショー画像変更と同じメニューから変更することが可能です。

Webサイトのスライドショーを確認
すると、画像の変更が確認できる

スライドの速度やテキストの
表示の変更設定が可能

ページを作成しよう

WordPressのページには2つの種類があります。ブログのように時系列に並び関連性を持つ「投稿」と、一つ一つ独立したページとなる「固定ページ」です。ブログ機能を果たす投稿と、独立した固定ページのどちらも作成できるのがWordPressの特徴です。

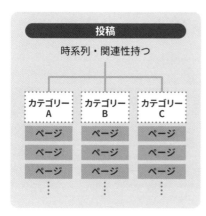

　ダッシュボードのナビゲーションメニューを確認すると、**「投稿」**と**「固定ページ」**というメニューがあります。編集方法などは基本的には同様になりますが、ページの種類が異なることを覚えておきましょう。

投稿のページ編集画面を確認しよう

投稿機能を使って、編集画面を開きページを作成しましょう。

ナビゲーションメニューの**「投稿」**>**「新規追加」**をクリックすると、ページ編集画面が開きます。タイトルと本文を入力して、ページを公開してみましょう。

ツールバー

タイトル入力欄　本文入力欄

ページを作成する作業エリア　詳細設定パネル

■ 投稿ページ更新をしてみよう

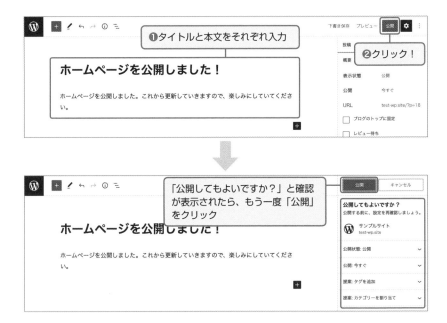

❷ 投稿一覧から投稿した記事を確認

「公開しました。」と表示されたら、ページの公開作業は完了です。

左上のWordPressアイコン部分をクリックすると、投稿一覧に戻ります。

作成した投稿が表示されている
「Hello world!」は、初期設定で入っている記事

❸ 公開されているページを確認してみよう

　Webサイトの表示を確認。Lightningテーマの初期設定では、トップページに投稿一覧が表示されるようになります。

　トップページを確認すると、投稿一覧に表示されているものと一致することが確認できます。

おすすめのフリー素材サイト

　自分で写真やイラスト素材を用意するときに便利なフリー素材サイトをご紹介します。

　フリー素材とは、利用規約の範囲で自由に使うことができる写真やイラストのことです。ここでは、人気の商用利用可能なフリー素材サイトをご紹介します（2022年12月時点）。利用規約は更新されるものなので、利用する際には必ず規約を確認しましょう。

　また、サイトによっては会員登録の必要や無料・有料など色々ありますので、注意しましょう。

写真素材

❶ Adobe Stock　http://stock.adobe.com

❷ Unsplash　https://unsplash.com

❸ PhotoAC　https://www.photo-ac.com

❹ Kaboompics　https://kaboompics.com

イラスト素材

❺ イラストAC　https://www.ac-illust.com/

❻ ソコスト　https://soco-st.com

❼ ふきだしデザイン　https://fukidesign.com

❽ ICOOON MONO　https://icooon-mono.com

第 **3** 章

魅せる画像やテキストで
アピールしよう

WordPressでWebサイトを開設したら、あなたらしい画像や
キャッチを入れて、商品やサービスの魅力をアピールできるよう
カスタマイズしていきましょう。
ちょっとしたデザインやライティングのコツもお伝えします。

3-1

集客につながるライティング術

WebサイトやSNSで発信をする上で重要な作業に、「文章を書く」「掴み
をつくる」があります。見出しや説明文の書き方次第で、集客や商品の購
入率は格段に変わります。
集客につながるライティングのポイントをしっかり学んでいきましょう。

伝え方を工夫するだけで反応は10倍変わる！

　情報量が多いWeb上で、**あなたの発信に興味を持ってもらうためには、
伝え方の工夫が必要**です。

　あなたが日々発信をしていても、相手の目に留まるような工夫をしなけ
れば、他の情報に埋もれてしまいます。

伝わる文章は「見出し」と「相手目線」

　1つ目は、まずは相手の目に留まるように「掴み」をつくること。2つ目は、
相手が自分事として受け取れるように目線を合わせることです。ちょっと
した表現を工夫するだけで、伝わり方は10倍も100倍も変わります。

> こんにちは。ライターの田中です。
> 今日はいいお天気なのでお出かけ日和で
> すね。熱中症にならないように日傘や帽
> 子を持っていきましょう。
>
> さて、今日みなさんにお伝えしたいこと
> は、この前SNSでも告知をした新作のカ
> レーのご紹介です。野菜たっぷりのカレー
> は、夏バテにぴったりで…

> **おいしく夏バテを解消しよう！**
> **期間限定・夏野菜カレーのご紹介**
> ------------------------
> こんにちは。ライターの田中です。
> 今日はいいお天気なのでお出かけ日和で
> すね。熱中症にならないように日傘や帽
> 子を持っていきましょう。
>
> さて、今日みなさんにお伝えしたいこ…

　同じ文章ですが、左は冒頭は挨拶から始まり、全部を読まないと本題が

わからないのに対して、右は**「記事で一番伝えたいこと」**が冒頭に**見出しとして入っている**ことで最初から興味を持ちやすいですよね。

このように同じ文章でも工夫次第で、読んでもらえる文章になります。パッと理解できない長文は誰にも読んでもらえません。あなたが伝えたい情報をしっかり相手に届けられるよう「伝わる文章」を書くようを心掛けましょう。

「伝わる文章」を書くための3つのポイント

「伝わる文章」を書くためには、いきなり書き始めてはいけません。次の3つを明確にしておきます。

❶何を伝えたい？………伝えたいことを整理する
❷誰に伝えたい？………伝えたい相手を決める
❸どうなって欲しい？…起こしてほしい行動や気持ちを決める

「伝える」ということは、必ず相手がいます。

さらに、Web集客では、自分のことを全く知らない相手に伝える必要があります。そのため、ただ自分が言いたいことを並べているだけでは、なかなか相手に興味を持ってもらえません。

相手に興味を持ってもらい、最後まで目を通してもらえるように「何を」「誰に」伝え、「どうなって欲しいのか？」を整理し、相手が受け取りやすいように文章をつくりましょう。

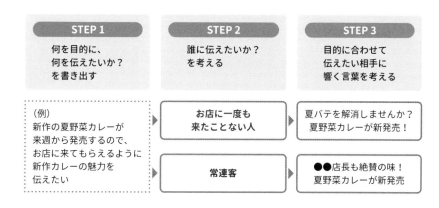

伝えたいことを自由に書き出す

まずは、あなたが伝えたいことをすべて書き出してみましょう。

なぜ、それを伝えたいのか？

文章の目的を明確にすることが大切です。ただ伝えるのではなく、その文章を読んだ相手にどのような行動を起こして欲しいのか、どんな感情を持って欲しいのかを具体的に考えてみましょう。

伝えたい人は誰か？

読み手を明確にする理由は、伝えたい相手によっても言葉が変わるためです。前ページ図の例文を見てください。同じ情報でも「ご新規」と「常連」では、相手に響く印象は変わってきます。

一番伝えたい相手に「気になる！」と思ってもらえる言葉を選ぶためにも、「一番伝えたい相手」を想像しましょう。そして最後に、目的に合わせて、伝えたい相手に響く言葉を考え、文章を書いてみましょう。

「伝わる文章」を書く上で大切なことは、文章としての美しさや正しさではなく、この**「一番伝えたい相手に響く、伝わる」**かどうかです。

伝わる文章にまとまる「PREP法」の活用

「文章が上手くまとまらない…」というときに活用できる、簡単にわかりやすい文章構成にまとまる**「PREP法」**というものがあります。

この「型」に当てはめるだけで、相手に伝わりやすい文章構成をつくることができます。具体的には以下の通りです。

Point	要点（結論）
Reason	理由（結論に至る理由）
Example	具体例（理由に説得力を持たせる事例）
Point	要点（結論）

Before	After
おいしいカレーを作りたいと思っているのですが、なかなか良いレシピが見つからなくて悩んでいました。料理が苦手な私にとって、どのレシピも難しいものばかりで・・・。そんな時に偶然見つけたのが●●店長がブログで発信していたレシピです。そのレシピは今まで見てきたレシピと違って、揃える材料も作り方もとてもシンプルで簡単な内容だったんです。これなら私も出来そうと思って挑戦してみたら、やっとおいしいカレーをつくることができました。料理が苦手な私でも作ることができたので、同じように悩んでいる人にとてもおすすめです。	料理は苦手だけど、簡単においしいカレーを作りたい人には●●店長のレシピがおすすめです！ **P** なぜなら、他のレシピと違って、本格的なのに材料も作り方もとてもシンプルで簡単だからです。 **R** 私自身、料理が苦手で何度もいろんなレシピに挑戦するものの失敗続きだったのですが、そんな私でも、このレシピでやっとおいしいカレーを作ることができました。 **E** 私のように料理が苦手がけど、自分で作ってみたい！という方は是非●●店長のレシピをチェックしてください！ **P**

上記の例を比較してみるといかがでしょうか？

同じ内容でも、PREP法を用いた文章の方が、簡潔にまとまっていて読みやすいですよね。

特にWeb上では、長くて要点がわかりにくい文章は瞬時に読み飛ばされてしまいます。PREP法などの型を用いて、読みやすさを意識しましょう。

「伝えたい相手の知識レベル」に合わせて言葉を選ぼう

専門的な内容を発信する場合には、伝えたい相手がスムーズに理解できるように、**相手の知識レベルに合わせて言葉を選びましょう。**

専門知識がない相手には専門用語を噛み砕いてみる

専門性の高い内容を伝えたい場合に専門用語を使うことは有効ですが、専門知識を持たない相手に内容を理解してほしい場合は、難しい専門用語を使わずに、相手の身近な言葉に置き換えて説明することで相手がスムーズに理解できます。

85

同じ言葉でも立場が違えば意味が変わる

　例えば、飲食店でホールのスタッフさんが「今日のランチはヤマです！」と聞いたら、どんな意味を思い浮かべますか？

　「ヤマというランチメニューかな？」「山盛りのランチかな？」

　そんなふうに考えるのではないでしょうか。

　飲食店の勤務経験者ならすぐにわかったかもしれません。飲食店では「ヤマ＝品切れ」を意味することがあります。

　つまり、「今日のランチはヤマです！」は「今日のランチは品切れです！」ということです。

同じ言葉でも、読み手の知識レベルによって解釈が異なる

　このように**専門用語や業界用語を知らないと、読み手や聞き手の想像によって違う意味で伝わってしまったり、読み手がわからない用語の意味を調べる手間が出てきたりします。**

　飲食店向けの発信であれば「今日のランチはヤマです！」という言葉を使ってもスムーズに伝わりますが、飲食店で働いたことがない一般の人には意味が通じません。

　このように、読み手にこちらの伝えたい内容が正しく伝わるように、**伝えたい対象によって使う言葉を選ぶこと**が大切です。

Webサイトをつくるための ライティングの基本

Webサイトの文章は、キャッチコピー、見出し、説明文など複数の文章から構成されます。それぞれどのように使用するかを解説しながら見ていきます。

Webサイトで使う文章の種類

まずは、Webサイトに必要な文章の種類を見ていきましょう。

❶ キャッチコピー

あなたのサービスやお店がどんなものか、コンセプトを元にワンフレーズで伝える文章です。

WebサイトのTOPページの画像と雰囲気が合うように考えてみましょう。

初めてWebサイトを訪れた方が一番最初に目にします。興味を持ってもらえるように工夫してみましょう。

❷ ボディコピー

　あなたのサービスやお店のキャッチコピーを補う文章です。

　文章が少し長くなるので、見出しを付けることで読者は「私が知りたいこと」が載っているかを判断しやすくなります。

Webデザインを仕事にして
わたしらしく働こう♡

元銀行員がフリーランスWebデザイナーになった経験から、

もっと自由に、わたしらしい働き方を実現する方法を発信しています。

会社に縛られない、自立した働き方を実現する「Webデザインスキル」と、

「ビジネス知識」を身につけて選ばれる存在へ♡

❸ 商品説明文

　あなたの商品・サービスやお店の商品の詳細を伝える文章です。

　どのような商品かわかる内容紹介に加えて、顧客に伝えなければいけない、スペック・価格・取引方法などを記載しましょう。

本書は、画像のレタッチや合成などの例をふんだんに使いながら、Photoshop Elements 2023の機能を豊富な図版によって、ほぼ完全に解説しています。
また、初心者の方には分かりにくいデジタル画像の処理についても、できるだけ分かりやすく記述することを心がけています。
本書で使用している画像をダウンロードして、実際に操作しながら覚えてみましょう。

著者:ソーテック社
B5変形・304ページ・オールカラー
定価:2,508円(本体:2,280円+税10%)
ISBN:978-4-8007-1309-4

3-3

反応が取れる画像とは？

画像を活用する上で大切なことは「ユーザーの反応が取れる」こと。せっかくバナーやアイキャッチ画像を用意しても、ユーザーの反応が取れなければ意味がありません。ユーザーのアクションを促すために、反応の取れる画像を作るコツを押さえましょう。

ユーザーの反応が取れる画像とは？

オリジナルの画像は、画像編集ツールやアプリを利用することで、簡単に作成できます。そしてWeb上で使う画像を作る際に大切なことは、**ユーザーの反応が取れる画像**を意識することです。「ユーザーの反応が取れる」とは、具体的に、その画像を見たユーザーが画像をクリックしてリンク先のページをチェックしたり、読んでほしい情報に目を通してくれる等、次のアクションを起こしてくれることです。

バナーやアイキャッチ画像など、Web上で使う画像にはそれぞれの目的があり、その目的を果たせるような画像をつくる必要があります。自分の好きなように、ただ写真に文字を載せるだけではなかなか反応が取れません。
例えば、あなたが10歳の男の子を育てるお母さんだとします。以下2つの画像を見た時、どちらの画像をクリックしたくなるでしょうか？

どちらの画像も、「サラダのレシピの紹介」への情報を促すもので、同じようにサラダの写真を使っています。

しかし、左の画像は、サラダの写真はおしゃれなものの、パッと見てサラダであることが少し伝わりにくく、載せているテキスト情報もサラダの魅力が伝わりにくいですよね。

それに対して、右の画像は、パッと見て美味しいサラダのイメージが伝わります。さらに、「野菜嫌いの息子」というワードが、誰におすすめのサラダレシピなのか？を明確にしており、男の子の子育てをするお母さんが読んだら「私のことだ！」と思わずクリックしたくなるのではないでしょうか。

このように、同じような素材を使っても、見せ方次第で伝わり方は全く変わります。

あなたが届けたい情報をしっかりユーザーに届けられるように、ユーザーの反応が取れる画像をつくりましょう。

反応が取れる画像を作る手順

反応が取れるオリジナル画像をつくるためには、いきなり画像作成ツールを使うのではなく、まずは画像の目的や情報を整理してからつくることが大切です。

画像を作成する手順を確認していきましょう。

---

❶ 画像の目的を明確にする
❷ 伝えたい情報を整理する
❸ 素材を用意する
❹ 画像作成ツールで画像をつくる

---

❶ 画像の目的を明確にする

画像には、リンク先のページを見てもらうために画像をクリックしてほしいなど、果たしてほしい役割が必ずあるはずです。

この最終的な目的＝ゴールを最初に明確にすることで、どんな情報を載せたらいいのか？どんなデザインにしたらいいのか？　が決まります。

❷ 伝えたい情報を整理する

　画像が目的を果たすためには、どんな人に、どんなアクションを起こしてほしいのか？　そのアクションを促すために、どんな情報を組み合わせたらいいのかを洗い出してみましょう。

　そして、どんな画像作成ツールを使ってどのような画像を完成させたいのか、この時点で大まかに決めておくことで、実際に画像を作るときに迷わずに作成を進めることができます。

❸ 素材を用意する

　情報の整理ができたら、写真やイラストなど、必要な素材を用意しましょう。素材は、自分で撮影したものを使うことはもちろん、商用利用可能なフリー素材を活用する方法も手軽に用意できておすすめです。

❹ 画像作成ツールで画像を作る

　そして最後に、画像作成ツールを使って画像を作成しましょう。

　この手順で進めると、どのようなものをつくりたいかが決まっているので、本来果たしたい目的からズレることなく、画像をスムーズにつくりやすくなります。

　画像作成に取り組む前に、「こんな画像を作りたい！」という参考画像を集めることです。

- あなたが日常生活の中で思わずクリックした画像をまとめておく
- 検索エンジンで「バナー デザイン 化粧品」などのキーワードで検索する
- バナーデザイン等がまとめられているデザインギャラリーサイトをチェックする

　参考にしたいお手本画像を収集し、アイデアのヒントを得ながら、オリジナル画像の作成に取り組みましょう。

3秒でユーザーの心を掴む 画像を活用しよう

テキスト情報だけではなく、画像を使うことによって、視覚的に訴求でき、ユーザーの目に留まりやすくなります。
Web集客において必要な画像の種類や、つくり方について学びましょう。

ユーザーは情報を3秒で判断する

　商品やサービス、ページのイメージなどの情報を視覚で伝えることができるのが**写真、イラスト、ロゴなどの画像**です。

　日々大量の情報を受け取るユーザーは、情報に対して、自分に必要なものかどうかを3秒で判断するといわれています。

　つまり、あなたの商品やサービスの情報も、一目で伝えることができなければ、あなたが伝えたい情報を届けることができません。

　画像を活用し、情報を視覚化することで、テキスト情報では表現できないイメージまで伝えることができます。以下の2つを見てみましょう。

おいしいコーヒー
いかがですか?

　左図のように文字だけだと、情報は伝わるものの、具体的なイメージがパッと湧きにくいです。対して、右図のようにコーヒーを淹れている写真と文字を組み合わせた画像情報だと、瞬時に淹れたてのコーヒーのイメージが伝わり、おいしいコーヒーの味や香りが想像され、嗅覚や味覚の刺激

にもつながります。

　このように画像を使って視覚的に伝えるだけで、瞬時に伝えられる情報量が格段にアップします。

　それでは瞬時に、「気になる！」や「私に必要な情報だ」と判断されるように効果的に画像を使うコツをお伝えします。

Web集客に必要な画像とは

　Web集客に取り組む上で知っておきたい画像の種類は、**バナー**・**アイキャッチ画像**・**サムネイル**の3つです。それぞれの役割は以下の通りです。

バナー

　クリックや申し込みなど、ユーザーを次の行動に誘導するための画像です。

　主に、Web広告やWebサイト内での誘導に使われます。誘導先ページの内容の情報をまとめ、次のアクションを起こしてもらえるように行動を促す工夫をすることが大切です。

アイキャッチ

　人の視線（eye）を惹きつける（catch）ための画像です。主に、ブログ記事やWebサイトで、伝えたい情報を読んでもらうための興味付けに使います。アイキャッチ画像は、伝えたい情報をまとめ、ユーザーが興味を持ちそうな言葉で表現することが大切です。

サムネイル

　内容を一目で判断できるようにするための、小さく表示する画像です。主に、ブログ記事の一覧表示やYouTubeなどの動画サイトで表示され、アイキャッチ画像を縮小表示したものを指すこともあります。サムネイルは、他のサムネイルと並んで表示されることが多いので、内容を端的に魅力的に表現し、ユーザーがクリックしたくなるように工夫をしましょう。

> Webデザイン
> 【30代未経験でもWebデザイナーになれる？】アラサーでキャリアチェンジした私が考える、Webデザイナーになる最短ルート
> このようなお悩み相談をよくいただくので、実際に、未経験からアラサーでWebデザイナーにキャリアチェンジした私の経験を踏まえてお伝え…

> Webデザイン
> 在宅Webデザイナーのリアルな仕事大公開！子育てとの両立は？【娘が1歳になりました♡】
> 先日、愛娘が1歳のお誕生日を迎えました〜〜〜！！！♡ということで1歳バースデー撮影に行ってきました＊可愛く撮ってもら…

　Web集客で使う画像は、写真そのままよりも写真やイラスト、文字を組み合わせることで、より効果的に情報を伝えることができます。

　以下は画像をつくる手順です。

❶ 伝えたいことを決める
❷ 必要な素材を集める
❸ 画像編集ソフトを使って画像を作成する

写真素材を準備する方法は大きく２つ

１つは写真を撮影する、もう１つは**フリー素材**を活用する方法です。それぞれの特徴は以下の通りです。

❶ 写真を撮影する

自分でまたはカメラマンにお願いして写真素材を撮影します。

メリット
- オリジナリティがでる
- 実物を撮影することで、本物のイメージが伝わりやすい

デメリット
- 撮影スキルが求められる
- 人に依頼する場合は、撮影費用がかかる

こんな人におすすめ！
- オリジナリティを出したい
- リアリティを伝えたい

❷ フリー素材を活用する

第三者が提供している画像（フリー素材）をダウンロードして利用します。

メリット
- 無料で利用できるものが沢山ある
- 質の高い素材を使える

デメリット
- オリジナリティが出にくい
- 利用規約の範囲内での利用となる（必ず規約を確認しよう）

こんな人におすすめ！
- 手軽に画像を使いたい
- 撮影に手間がかけられない

撮影するのはハードルが高いという人には、フリー素材がおすすめです。プロが撮影したクオリティの高い写真もあり、無料で商用に利用できるものもあります。

配布サイトによって利用できる範囲が違うので、必ず規約を確認して利用しましょう。

Webサイトに必要な画像を作成するツール

Web集客に必要な画像を作成してみましょう。
ここでは、よく使われるデザインソフトや画像編集ツールと、初心者さんにおすすめのCanvaの登録方法について説明します。

加工や編集におすすめの画像作成ツール

バナーやアイキャッチを作成するためには、画像作成ツールが必要になります。有名なデザインソフトや画像作成ツールには、以下のようなものがあります。

❶ Photoshop	Adobe社の定番画像編集アプリ。プロのデザイナーが愛用しています。
❷ Illustorator	Adobe社の定番ソフトで、ロゴやイラストの作成に向いています。
❸ Figma	無料利用でき、ブラウザ上で簡単にデザインを作成できるツールです。
❹ Canva	初心者でも簡単に画像や動画などが作成できるデザインツールです。

初心者さんにおすすめのツールは「Canva」

Canvaとは、オンライン上で画像を作ることができるデザインツールで、**テンプレート**や素材が豊富なので、、初心者さんでも簡単に画像をつくれます。

無料と有料のプランがあり、有料プランでは利用できる機能や素材が増えますが、最初は無料プランでも問題ありません。

一からデザインするのはハードルが高くなりますが、Canvaのテンプレートを利用して、写真や文字を入れ替えるだけで画像を作成できるので、デザインができない方でもそれなりのクオリティの画像を作成できます。

ここからは実際にCanvaを使って、オリジナルの画像をつくりましょう。

Canvaのアカウント登録をしてみよう

▉ Canvaのアカウントを登録

Canvaの公式サイトを開き、Canvaのアカウント登録を進めましょう。公式サイト（https://www.canva.com/ja_jp/）にアクセスしたら、**[無料で登録する]** をクリックします。

▉ 登録情報を入力する

［ログイン、または今すぐご登録ください］と表示されるので、新規アカウントの登録を行います。**[メールアドレスで続行]** をクリックし、登録するメールアドレスを入力します。

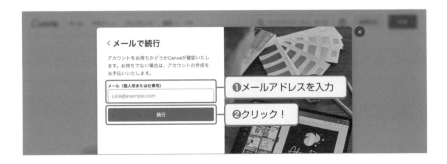

続いて［アカウントを作成する］という表示が出たら、［名前］と［パスワード］を入力し、**［アカウントを作成］**をクリックします。

登録したメールアドレス宛に本人確認用のコードが届くので、［コード］の記入欄に届いたコードを入力して**［完了］**をクリックしましょう。

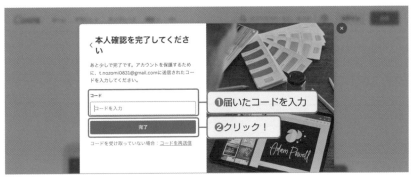

3 登録を完了させる

　登録完了まであと一歩です。[Canvaの利用目的を教えてください]と表示されるので、該当するものをクリックします。

　続いて[Canvaからのメールを受け取りますか？]と表示されたら、希望する方を選択して、アカウント登録は完了です。

3-6

アイキャッチ画像を
つくってみよう

Web集客に必要なアイキャッチ画像を作成してみましょう。
Canvaを使うと簡単に作れるので、ここでテンプレートを使ってつくって
みましょう。

テンプレートを使ってアイキャッチ画像を作ってみよう

　Canvaに用意されているテンプレートを使えば、文字と写真を入れ替え
るだけで簡単にデザインを作成することが可能です。

■ Canvaテンプレート　　　　　　　　■ 作成するアイキャッチ画像

1 デザインを新規作成する

　まず、これから作成するデザインを新規作成していきましょう。Canva
の画面が開いたら、右上にある[デザインを作成]をクリック。検索BOX
に「ブログバナー」とテキストを入力して[ブログバナー]をクリックし
ます。

❷ テンプレートを選択しよう

選択した「ブログバナー」のサイズで新しいキャンバスが開きます。この編集画面から、文字の入力や写真の挿入などの画像編集ができます。

左側にあるメニューの[テンプレート]から、好きなテンプレートを選びクリックすると、右のキャンバスにテンプレートのデザインが反映されます。

3 テキストを変更する

テキストの内容変更と写真の差し替えを行います。

まずはテキストの変更から行います。変更したい部分をクリックすると、入力カーソルが挿入されるので、変更したい内容にテキストを入力します。

4 写真をアップロードする

続いて、写真を差し替えましょう。

まずは差し替えたい写真をCanvaにアップロードします。

左側メニューの [アップロード] をクリックするとアップロード画面が開くので [ファイルをアップロード] をクリックしましょう。

画像を選ぶ画面が表示され、ここでアップロードしたい写真を選択して [開く] をクリックします。選択した画像がCanvaにアップロードされたことが確認できます。

選択した画像が
アップロードされました

5 写真を差し替える

　テンプレートで配置されている画像の部分に、アップロードした写真を
配置しましょう。差し替えたい写真をクリックし、アップロードした写真
をドラッグして持っていくと写真が差し替わります。

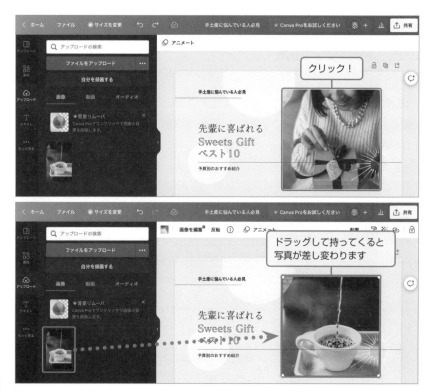

クリック！

ドラッグして持ってくると
写真が差し変わります

⑥ 画像をダウンロードする

　デザインが完成したら、画像データとしてダウンロードしましょう。右上の［共有］をクリックし**［ダウンロード］**をクリックします。

　ダウンロードするファイルの種類やサイズなどを確認し**［ダウンロード］**をクリックします。

　完了すると、パソコンに画像データがダウンロードされていることが確認できます。

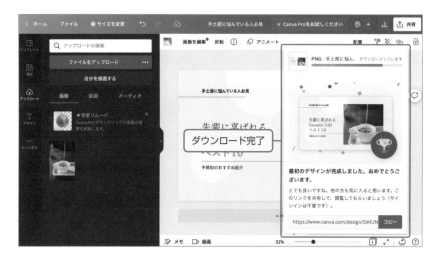

　Canvaを使えば、このように簡単に画像を作成することが可能です。

　テキストや写真を組み合わせて、相手がパッと見て情報を受け取れるように工夫をしましょう。

　上手に画像を活用するだけで、ユーザーの反応率はグッと高まります。

3-7
Webサイトに

アイキャッチ画像を表示してみよう

2章で作成したWordPressの投稿機能を使って、投稿にアイキャッチ画像を設定します。投稿一覧に画像が表示され、テキストだけでなく、画像で視覚的に訴求することができます。

Webサイトに作成した画像を表示しよう

　2章で作成したWebサイトに、アイキャッチ画像を設定しましょう。投稿にアイキャッチ画像を設定すると、投稿の個別ページと投稿一覧に、設定したアイキャッチ画像が表示されます。

　（本書で解説したテーマ「Lightning」の場合、初期設定では、投稿の個別ページのアイキャッチ画像の表示は非表示になっています。表示設定方法については、P115で解説しています）

■ 投稿個別ページ

■ 投稿一覧

　投稿タイトルに合わせてアイキャッチ画像が表示されることで、どんな投稿内容か伝わり、クリック率アップにつながります。アイキャッチ画像の設定方法を確認していきましょう。

投稿にアイキャッチ画像を設定しよう

❶ 投稿を作成する

アイキャッチ画像は、投稿に設定することができます。

WordPressダッシュボードを開いて、ナビゲーションメニューから**「投稿」＞「新規追加」**をクリックし、タイトルと本文を入力します。

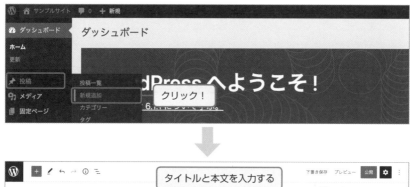

❷ アイキャッチ画像を設定しよう

右上にある歯車マークをクリックすると詳細設定が表示されるので**「投稿」**タブをクリック。投稿タブの中にある**「アイキャッチ画像」**をクリックし、**「アイキャッチ画像を設定」**をクリックして設定します。

３ アイキャッチ画像のファイルをアップロードする

WordPressにアップロードした画像一覧が表示されるメディアライブラリが開きます。新しい画像をアップロードして設定するので、**「ファイルをアップロード」**をクリックしましょう。

アップロードする画面が開くので**「ファイルを選択」**をクリックし、アップロードしたいデータを選択して**「開く」**をクリックします。

アップロードした画像にチェックが入っていることを確認し**「アイキャッチ画像を設定」**をクリックしたら、アイキャッチ画像の設定は完了です。

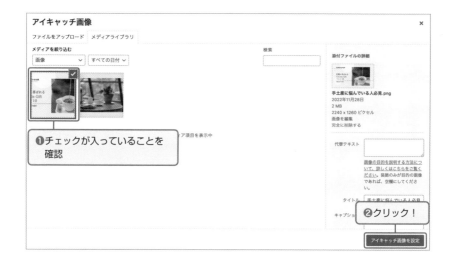

4 ページを公開する

右上にある**「公開」**ボタンをクリックして、作成した投稿を公開しましょう。

5 アイキャッチ画像の表示を確認する

Webサイトを表示し、右上のナビゲーションメニューの中にある**「ブログ」**をクリックします。

すると、ブログ（投稿）一覧が表示され、作成した投稿にアイキャッチ画像が表示されていることが確認できます。

　アイキャッチ画像を設定することで、タイトルのみの表示よりも、投稿内容やイメージがより伝わることが確認できると思います。
　このようにWebサイトの中で画像を上手に活用して、ユーザーに興味を持ってもらえる工夫を行いましょう。

ブランディングにつながる！ オリジナル画像作成のコツ

個性を表現するためにオリジナル画像を作成するのもおすすめです。オリジナルの画像を作ってみようとチャレンジしたもののなんだか素人っぽくなってしまう…なんてことも。素人っぽくならないデザインを作るためのコツをお伝えします。

配色が決まればプロっぽくなる！

　色の組み合わせや、使う色の数、色を使う面積によって、印象が大きく変わります。

　ここでは配色の基本、綺麗にまとまるコツについて３つご紹介します。

使う色は３つ（ベースカラーラー、メインカラー、アクセントカラー）

　色数が多いとまとまりのない配色になりやすいため、色数を絞って統一感を出しましょう。

　一番大きな面積を占める**ベースカラー**が70%、主役の色となる**メインカラー**が25%、強調したい部分をメインに使う**アクセントカラー**が5%と、それぞれの配分を意識することでバランスよくまとめることができます。

組み合わせる色のトーンを合わせる

　色は、**色相（色味）**、**明度（明るさ）**、**彩度（鮮やかさ）**の３つの属性から成り立ちます。このいずれかの値を変えると色味が変わります。

　トーンとは、明度と彩度の組み合わせによるグループのことです。ペールトーン、ビビッドトーンなど、各トーンには名前と与えるイメージがあ

ります。

　組み合わせた色がまとまりなく感じる場合は、このトーンがバラバラである可能性があります。色を組み合わせるときは、同じトーンで合わせましょう。

■ 日本色彩研究所によって開発されたカラーシステム

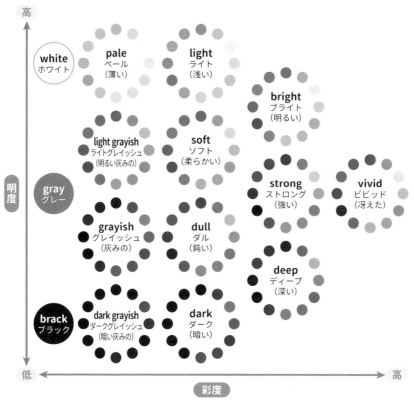

（参照URL）

http://www.sotechsha.co.jp/sp/2109/

写真の色味と合わせた配色にする

　文字の色と写真素材の色味を合わせることで、1枚の画像としてまとまりが出ます。

　写真で使われている色と同じ色を背景や文字などに使いたい場合には、例えば、Canvaなどの画像作成ツールの**スポイト機能**を使いましょう。スポイト機能を使って、写真から色を抽出することができるので、簡単に色味を合わせることができます。

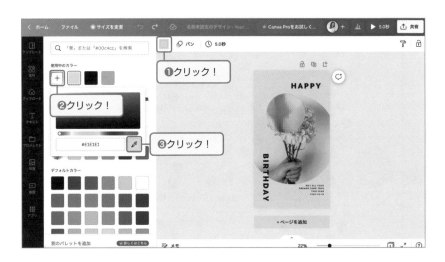

　色を変更したい図形や文字を選択し、❶❷❸の手順でスポイト機能を使って写真から色を抽出することができます。

3-9
テーマ「Lightning」で個別投稿ページに アイキャッチ画像を表示する方法

本書の解説で利用したWordPressテーマ「Lightning」は、初期設定の段階では、投稿個別ページにはアイキャッチ画像が表示されません。アイキャッチ画像を表示するためには、Lightningテーマ推奨のプラグイン「VK All in One Expansion Unit」の機能を使って、表示設定を行います。

■ 初期設定ではアイキャッチ画像が表示されない

■ Lightning専用の機能でアイキャッチ画像を表示！

プラグインとは？

WordPressにさまざまな機能を追加することができる拡張ツールです。お問い合わせフォーム作成やバックアップなどの便利な機能を簡単に追加することができます。

Lightningでアイキャッチ画像表示の設定を行う

Lightningテーマ推奨のプラグイン「VK All in One Expansion Unit」をインストールして、アイキャッチ画像の表示設定を行いましょう。

■ プラグインをインストールする

Lightningのテーマを有効化した時点から表示されている「このテーマは次のプラグインを利用する事を推奨しています」という注意書きが表示さ

れます。その中にある、「VK All in One Expansion Unit（Free）」をクリックし、インストールをします。

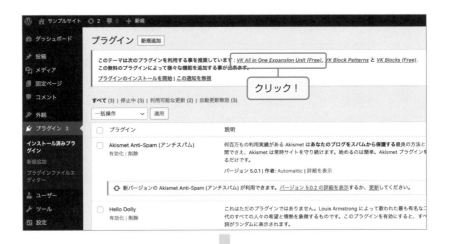

2 プラグインを有効化する

　プラグインは、インストールするだけでは機能せず、機能を使うためには有効化する必要があります。

　インストールされるとインストール済みプラグインの一覧に「VK All in One Expansion Unit」が表示されます。（表示が確認できない場合は、ページを再読み込みしてみましょう。）「VK All in One Expansion Unit」の下にある【有効化】をクリックします。背景が水色に変わったら有効化されています。

3 アイキャッチ画像表示の設定をする

　プラグインを有効化すると、ナビゲーションメニューに［ExUnit］というメニューが表示されるので**［ExUnit］**をクリックします。

　設定ページが開くので、有効化の項目の中から［アイキャッチ画像自動挿入］という項目を探しましょう。**［アイキャッチ画像自動挿入］**の左側にあるチェックボックスをクリックしてチェックを入れて、ページ最下部の**［変更を保存］**をクリックすれば設定は完了です。

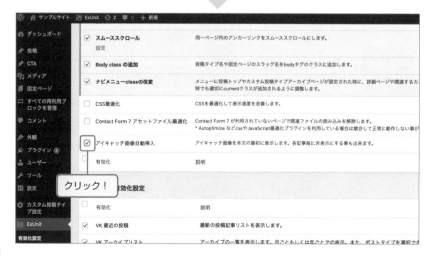

COLUMN

おすすめのデザインギャラリーサイト

　オリジナル画像を作成する際に参考にしたい、バナーやアイキャッチ画像などの画像がまとめられたおすすめのデザインギャラリーサイトをご紹介します。

　キーワード検索はもちろん、業種やイメージなどのカテゴリー毎に検索できる機能がついているものもあり、効率良く目的のデザインを探すことができます。

　さらっと眺めるだけでも楽しめるので、アイデアに困った時はチェックしてみましょう。

Bannnner.com
https://bannnner.com

BANNER LIBRARY
https://design-library.jp

SAMUNE
https://thumbnail-gallery.net

Pintarest
https://www.pinterest.jp

第 4 章

SNSを
ビジネスで活用しよう

自分の考えや価値観、ライフスタイルなどを発信することで、共感してくれる人とつながることができるSNS。これを上手に活用し、ファンを増やし、「あなただから」と選ばれて、商品やサービスを購入してもらいましょう。

SNSをビジネスで活用するための基礎知識

時間やお金、人手などのリソースが限られた個人事業主にとって、たくさんの人が集まり、購入できるSNS（Social Networking Service）は強い味方になります。SNSはファンをつくる上でとても効果的なツールです。

ビジネスに活用できるSNS

ビジネスに活用できる**SNS**は主に下記の6つがあります。

- Twitter
- Instagram
- Facebook
- YouTube
- Tik Tok
- LINE

　SNSは、一般的に知人との交流ために使われることが多いですが、共通する価値観を持った人とつながりやすい仕組みなので、商品やサービスのファンづくりや、個人のブランドづくりなどのビジネスに活用することもできます。
　ビジネスの可能性を広げるためのSNSの具体的な活用方法について学んでいきましょう。

ビジネスを発展させるSNSの役割

　SNSは、商品購入までの**認知→興味→比較検討**というそれぞれの段階で**顧客、顧客予備軍にアプローチ**することができます。その中でも、特に大きな役割を果たすのが**認知**です。
　認知とは、商品やサービスを多くの人に知ってもらうことです。購入してもらうためには、まず「知ってもらう」ことが欠かせません。
　しかし、小規模事業者は、大企業のように広告やCMを打つ資金はなく、

自分の存在を対面の交流で広げていくためには時間と労力がかかります。

人が集まるプラットフォーム

　日本のSNS利用者は7,975万人で普及率80%※といわれており、無料でそれだけ多くの人につながれる可能性があります。

SNSはターゲットを決めてつながるために使う

　昨今、SNSをビジネス活用する人が増え、同じような商品やサービスを提供している競合事業者もたくさんいます。ターゲットを決めず闇雲に発信しても成果は上がりません。

　発信者が、明確にターゲットを決めて情報を発信することで、配信を見た顧客層が反応をしてくれるようになります。

✕ ただ発信するだけ　　〇 つながりたい相手に届く発信

　さらに、あなたの商品やサービスに興味を持ってもらうためには、**「あなたがつながりたい人とつながるための戦略」**が必要です。

「つながりたい人とつながるための戦略」とは？

つながりたい人とつながるための戦略のポイントは以下2つです。

❶「誰に」「何を伝え」「どんな未来・情報を提供するのか」という一貫したコンセプト
❷顧客と関係を築くためのコミュニケーション

一貫したコンセプトについて

2章で解説した**Webサイトのコンセプトづくり**と同様です。

コンセプトとは、「誰に何を伝え、どんな未来を提供するのか」ということです。SNSをきっかけに、Webサイトを見てもらい、商品やサービスを購入してもらうという流れをつくるために、「あなた」や「あなたの商品やサービス」で一貫したコンセプトを設計することが大切です。

例えば、あなたのSNSでは料理について発信して、Webサイトではダイエットについて発信して…とツールによってコンセプトが変わってしまうと、あなたが何を伝えている人なのかが相手にはわかりにくくなります。

あなたのどの集客ツールを切り取っても、一貫したコンセプトで発信していることが大切です。

やってしまいがちなコンセプトのズレに注意

一見、同じテーマに見える投稿も、コンセプトがズレていることがあります。例えば、Webサイトでハンドメイドアクセサリーを販売しているとします。しかし、SNSでは、「アクセサリーを自分でつくりたい人」に向けて発信していたらどうでしょうか。

同じハンドメイドアクセサリーの情報でも、「買いたい人」と「自分でつくりたい人」では求める内容が異なります。SNSからWebサイトを訪れた方が、違和感を持って離脱してしまう原因となります。

このように**コンセプトがズレてしまうと、人を集めてから購入してもらうまでの流れがスムーズにいきません。**

顧客と関係を築くためのコミュニケーション

SNSは顧客と相互コミュニケーションが取れる場です。一方的な発信ばかりではなく、いいねやコメントなどで積極的にコミュニケーションをとり、関係を築いていきましょう。

例えば、商品やサービスの反応を聞いたり、それを活かしたものをつくったりすることで関係が深まり、ファンやリピーターにつながっていきます。

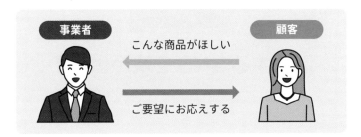

Web集客につながるSNS活用は「数」よりも「質」

　SNSを運用しはじめると、フォロワーやいいねといった数字が気になり、「どうやって数字を増やすか？」と考えてしまいがちです。

　しかし、**最終的な目的**は**商品やサービスを購入してもらうこと**です。

　表面的な数字だけを追うのではなく、その数字のなかに、購入につながる顧客となるフォロワーがどれだけいるかが大切です。

　表面的なフォロワー数を追って、集めるべき人を間違えてしまうと、商品やサービスの購入には至らず、場合によっては「必要のない商品をセールスされた」という嫌な印象を与えてしまう可能性にもつながります。

活用するSNSを決めよう！

SNSには、Twitter、Instagram、Fecebook、YouTube、TikTok、LINEと様々あり、それぞれユーザー層や特徴が異なります。つながりたい相手とつながるためには、利用するSNSの特徴を生かして選ぶことが大切です。それぞれのSNSの特徴を理解し、主軸とするSNSを決めましょう。

SNSにはどんな種類があるの？

SNSには、テキストコミュニケーションをメインとした**Twitter**、写真やショートムービーを中心に視覚的な訴求ができる**Instagram**など、ショートムービーに特化した**TikTok**などさまざまな種類があり、それぞれに特徴があります。

ビジネスでSNSを活用する上で、**あなたのビジネスに合ったSNSを選んで活用することが大切**です。

また、勢いよくユーザーを増やしている、ユーザー数が減少している、若い世代が多い、年齢層が高いといった特徴や、男女比率の違い、日本でユーザー数が多くても世界では少ないなど、さまざまな特徴を理解する必要があります。

展開するビジネスに合ったSNSを選ぶために、まずはSNSの種類について理解しましょう。国内で利用者が多い主なSNSを次のページに一覧表にまとめました。

次のことに注目して表を見てみましょう。

- それぞれどのような特徴があるSNSなのか？
- どの年齢層によく使われているものなのか？

	国内ユーザー数	利用者年齢層	特徴
❶Twitter	4,500万人	20-30代が多い	テキストコミュニケーション。拡散性とリアルタイム性が特徴。リアルタイムでトレンドを追うことができ、検索性も高く、情報収集ツールとしても使いやすい。
❷Instagram	3,300万人	20-30代が多い	写真を中心に視覚的な訴求ができる。商品やサービスのブランディングに向いており、他のSNSに比べてユーザーの購買意欲が高い傾向にある。
❸Facebook	2,600万人	30-40代が多い	実名制を特徴としたSNSのため、リアルなつながりや、ビジネスを目的としたコミュニケーションツールとしても利用されやすい。
❹YouTube	6,500万人	10-40代が多い	動画配信プラットフォーム。1時間程度の長い動画から15秒程度のショートムービーを投稿でき、リアルタイムで開催するライブ配信も可能。視聴者数からのマネタイズもしやすい。
❺TikTok	950万人	10代が多い	ショートムービーをメインとしたSNSで、次世代の動画SNSとして人気が高まっている。メインユーザー層は、10代を中心とした若年層になるが、ミドル世代にも少しずつ普及し始めている。

令和2年度情報通信メディアの利用時間と情報行動に関する調査報告書

参照元：https://www.soumu.go.jp/main_content/000765258.pdf

つながりたい顧客に出会うためにSNSを選定しよう

　それぞれのSNS特徴を踏まえた上で、どのSNSを活用するべきかを考えましょう。

　選ぶ際にチェックしたいポイントは以下の2つです。

❶ あなたが活用しやすい市場はどこ？
❷ あなたが継続しやすいSNSはどれ？

❶ あなたが活用しやすい市場はどこ？

テキストメインのTwitterと、写真や動画メインのInstagramでは、伸びやすいコンテンツが異なります。

Twitterはテキストメインなので、政治・経済からファッションまで、投稿される内容は多岐に渡ります。一方、Instagramのユーザー層は、写真やショートムービーなど感覚的に楽しめる旅行、ファッションなどライフスタイル系統のものが好まれる傾向にあります。

あなたが活用しやすい市場を探す4つのチェックポイント

> ❶ あなたと同じジャンル、同業のアカウントをチェック
> ❷ どのくらいの頻度で、どんな投稿をしているかチェック
> ❸ それらが「いいね」などリアクションされているかをチェック
> ❹ フォロワーの増え方などをチェック

上記の4つを確認することで、自分のジャンルが勝ちやすい市場を見つけることができます。

❷ あなたが継続しやすいSNSかどうか

SNSは、継続して発信することが大切です。SNSを始めても、発信が継続できないと、認知を広げることができません。

最初のSNSは投稿が苦にならないものを選びましょう。

利用するSNSを選定するポイント

❶ あなたが活用しやすい市場はどこ？

❷ あなたが継続しやすいSNSはどれ？

初心者におすすめのSNSは？

　テキストコミュニケーションがメインで気軽に始めやすく、拡散力が高い**Twitter**か、他のSNSに比べてユーザーの購買意欲が高く、ファンをつくりやすい**Instagram**がおすすめです。

　SNSを始めたばかりのときは、自分の存在を認知してもらうために**継続的な発信が必要**になります。

　YouTubeなどの動画をメインとしたSNSは、伝えられる情報量が多い一方、**動画の撮影と編集が必要**になるため、初心者には非常にハードルが高く継続することが困難になることもあります。

初心者でも一番気軽に始めやすいTwitter

　Twitterは、画像や動画を用意する必要はなく、テキストだけで簡単に投稿できる手軽さが特徴です。

　他の人に自分のツイートを拡散してもらえる**リツイート機能**など、拡散性の高い機能があり、あなたの価値観に共感してくれる顧客とのつながりをどんどん広げられる可能性があります。

視覚的な訴求を狙うならInstagram

　Instagramは、画像やショートムービーをメインとし、視覚的な訴求に優れていることが特徴です。他のSNSに比べて、ユーザーの購買意欲が高いといわれており、**ビジネス活用にも向いています**。

　また、テキストでは伝えきれない情報を、視覚的に訴求することができ、「なんか好き！」「雰囲気が素敵！」という情緒的な価値を生み出せるので、**ファンを作りやすいメディアでもあります**。

　特に、ファッションやメイク、料理など、**テキストよりも写真で見せる方が向いている商品を扱っている人におすすめのツール**です。

　いろいろなSNSに最初から手を出してしまいがちですが、**まずは１つのSNSに集中的に取り組み、数字を伸ばすことがおすすめです**。１つのアカウントが育つと、他のSNSを始める際に、あなたのファンがすぐにフォローしてくれる状態を作ることができます。

4-3 Twitterをビジネス活用しよう

Twitterは拡散力が高く、テキストコミュニケーションをメインとしたツールです。基本の使い方から、多くの人とつながるためにどのように活用したらよいのか、そのポイントを理解して上手に活用していきましょう。

Twitterのコミュニケーション機能の基本

まずはTwitterのコミュニケーション機能の基本を理解しましょう。
基本的な機能は以下4つになります。

❶ ツイート ……… 自分で投稿するテキストメッセージ
❷ リプライ ……… ツイートに対して返信できる機能
❸ リツイート…… ツイートを再ツイートして共有すること
❹ いいね ………… ツイートに対するリアクション

ツイートは140文字以内のテキストや画像・動画を投稿することができます。そしてツイートに対して、リツイートやいいね、リプライで反応し、共感を伝えるというのが基本的な仕組みです。

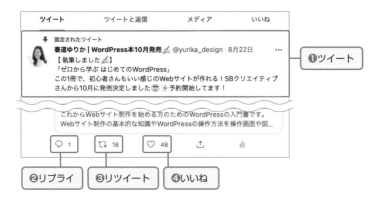

Twitter活用のポイントは、拡散力とコミュニケーション

　あなたのツイートに対して、「この気持ち、わかるなぁ！」「面白い！」「役に立つ！」「他の人にも知ってほしい！」など、相手の感情が動き、共感されることによってリアクションしてもらえます。

　特に、**リツイート機能**は、リツイートをしてくれた人のタイムラインにあなたのツイートが表示されるので、多くのフォロワーを持つ人がリツイートしてもらえるとその拡散は強力になります。リツイートする際には、ツイートをそのまま引用する**「リツイート」**と、コメントを添えて引用できる**「引用リツイート」**があります。

　また、いいねやリプライで、コミュニケーションをとることでつながりが広がります。このように、**拡散力とコミュニケーション機能を利用して、あなたに興味を持ってくれる人を増やしましょう。**

Twitterをビジネスで活用するための3STEP

　具体的にTwitterをビジネスに活用するために、何をどのように始めたらいいのかを3STEPで解説していきます。

STEP1　アカウント設計をする
STEP2　伸びているアカウントをリサーチする
STEP3　発信をして、フォロワーを増やす

　「誰に」向けて「どんな情報を」発信するのか？　を明確にし相手にフォローするメリットが伝わるようにしましょう。相手があなたのアカウントを見つけたときに、「フォローすると、こういう情報が得られる」ということをすぐに理解できると、フォローしてもらえる確率が上がります。

「プロフィール設定」が重要

　ツイートをきっかけにあなたに興味を持ったら、**プロフィール欄**を見て、フォローする価値があるかどうかを判断するので、「この人フォローしよう！」と思ってもらえるようにプロフィール欄を整えましょう。

❶ ヘッダー画像

　最上部に表示される画像です。あなたの印象を左右する大切な要素になるので、**あなたや商品をイメージできる画像を入れましょう**。Canvaなどを使い、キャッチコピーを入れて、アカウントで発信していることを伝えるのもわかりやすくておすすめです。

　キャッチコピーを入れる際は、左下の部分がプロフィール画像と被ってしまい見えなくなるので、そのことを考慮してつくりましょう。

❷ プロフィール画像（アイコン）

　Twitter上であなたの顔となる画像です。プロフィール欄はもちろん、ツイートした時にも表示される画像なので、あなたを視覚的に認知する要素になります。

　ビジネス用のアカウントであれば、ペットや風景の写真ではなく、**あなたの雰囲気や人間味が伝わる写真に設定しましょう。**

　SNSに顔出しすることに抵抗のある場合は、あなたの雰囲気が伝わるイラストや似顔絵でもいいでしょう。

❸ アカウント名

　Twitter上の「あなたの名前」になります。アカウント名は、ツイートやいいね、リツイートしたときに表示され、人の目に入りやすいものです。そのため、自分の名前とセットで活動内容も認知してもらえるように、「名前＋肩書きや活動内容」を設定することがおすすめです。

　また、「読みやすさ」を意識して記載しましょう。読み方がわからないと、ユーザーが検索しにくく、覚えてもらえません。

　例えば、私の場合、フルネームで「泰道友梨香」と漢字で表記すると読みにくいので、名前は確実に読めるひらがなで記載しています。

❹ ユーザー名

　ユーザー名は「@」から始まる英数字の文字列です。

　アカウント開設時には、ランダムな英数字で設定されているので、名前や活動がわかる単語を組み合わせてわかりやすい内容に変更しましょう。

　ユーザー名は、あなたのアカウントを検索やリプライした際に表示されるものになります。また、「https://twitter.com/△△」の△△部分になるので、URLを入力する際の打ちやすさも考慮しましょう。

❺ プロフィール文章

　プロフィール文章は160文字まで入力でき、アカウントをフォローしてもらう興味付けの役割を果たす非常に大切な要素です。

　ツイートに興味を持った人はプロフィール欄を見て、このアカウントをフォローしておくとメリットがあるかを判断します。

「何を発信しているのか？」と「どんな人が発信しているのか？」を伝えるために、次の4つの項目を入れてください。

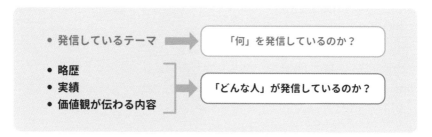

まずは**「何を発信しているのか？」を必ず記載**しましょう。

続いて**「どんな人が発信しているのか？」**です。

Twitterを見渡せば同じテーマで発信している人はたくさんいるので、発信する意味や価値も含めてここで伝える必要があります。

ダイエットについて発信をしているアカウントで考えてみましょう。

- ダイエット情報を発信しています
- 出産を機に10キロ増で100キロオーバーから、52キロの美容体重まで痩せた方法を発信しています

前者は「ダイエット情報」と抽象的な表現であるのに対して、後者は発信者の具体的なエピソードが記載されており、情報に説得力を感じられるのではないでしょうか。

このように、ただ発信しているテーマを伝えるのではなく、発信者の経験や実績など、具体性を持たせることによって、どんな情報を受け取れるのかがより明確に伝わり、読み手が興味を持ちやすくなります。

プロフィール文章はフォローにつながる大切な要素です。あなたのことを知らない人が見たときに「このアカウント、フォローしよう！」と思ってもらえるようにプロフィール文章を考えてみましょう。

❻ リンク

プロフィール欄には、あなたが見てほしいページのリンクを貼り、導線（詳しくはP201）をつくります。

STEP2：伸びているアカウントをリサーチする

　次に同じジャンルで発信しているアカウントを検索し、どのようなアカウントに人気が集まっているのか、その人はどんな発信をしているのかをリサーチして、「反応が取れる型」を知りましょう。

　あなたが伝えたいことだけを伝えていくのではなく、**Twitterという市場の中で反応をもらいやすい形に合わせて発信することが大切**になります。

リサーチ方法

　Twitterの検索機能を使って、自分の発信に関連するキーワードを検索し、同じジャンルで発信している人を探します。

　また、#から始まる**ハッシュタグ**を追って、同じジャンルの人を追うこともおすすめです。検索をして、自分と同じジャンルで発信している人を探してみましょう。

ハッシュタグを追う際の注意点

　ハッシュタグを頻繁に利用しているアカウントは、フォロワーを伸ばすためや、Twitterを始めたばかりで横のつながりを作るために発信している人も多いです。

　ある程度フォロワー数が多いアカウントは、ハッシュタグを頻繁につけていないケースも多いので、**ハッシュタグをたどるだけでなく、よくリツイートされている人**などもチェックしてみましょう。

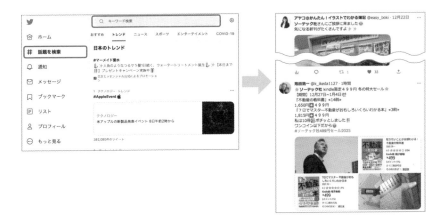

同じジャンルの人気アカウントをリサーチ

　同じジャンルのアカウントで、いいね数やリツイート数などをチェックし、人気のアカウントを5～10個程度ピックアップしてみましょう。

> ● プロフィールの内容
> ● 特に伸びているツイート

　ピックアップした複数のアカウントの上記2つをチェックし、誰に向けてどんな発信をしているか？　どのような内容が顧客から反応がいいか？を分析してみましょう。

　効率よくフォロワーを伸ばしていくために、成功しているアカウントを分析して、発信内容に困ったときに、そのアカウントではどんなふうに発信しているかを参考にしたり、「この人だったらどんなふうに発信するかな？」と考える判断軸ができます。

　自己流ではなく、まずは**その市場で上手くいく方法をマネしてみる**のが近道です。

STEP3：発信をして、フォロワーを増やす

　より多くの人とつながるために、発信する際は以下3つを意識しましょう。

> ❶ 見てすぐ、興味を持ってもらえる文章にしましょう
> ❷ リツイートやいいねなどの反応がもらえる内容を考えよう
> ❸ コミュニケーションを積極的に楽しもう

❶見てすぐ、興味を持ってもらえる文章にしましょう

　現在Twitterは1ツイート140文字までの字数制限があり、たくさんのツイートが流れるタイムライン上で相手の興味を惹く構成を考えることが大切です。この文字数の制限が緩和されても、なるべく短い文章で興味を持ってもらえるようにしましょう。

　例えば、以下2つのツイートを比べてみましょう。

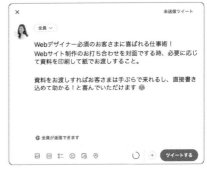

どちらも同じ内容ですが、左は文章構成に工夫がなくそのまま書かれており、パッと見ただけでは内容が伝わりにくいですよね。

それに対して、右のツイートは以下の2つに気をつけて書かれています。

- 誰に向けた、どんなツイートかを冒頭に伝える
- 読みやすさを意識して、適度な改行や段落を入れる

「読み手」を意識した構成に変えるだけで、目に留めてもらえる確率が上がります。Twitterのタイムラインは秒単位でどんどん情報が更新されていく場所です。あなたのツイートが1人でも多くの人に目に留まるように工夫しましょう。

② リツイートやいいねなどの反応がもらえる内容を考えよう

ツイートをより多くの人のタイムラインに表示させるためには、**他の人からリアクションをもらうことが必要**です。

Twitterは、他の人がいいねやリツイートをしてくれることによって、リアクションをしてくれた人のタイムラインにも表示されるような仕組みになっています。

つまり、他の人から反応が多いほど、あなたを知らない人に発信情報が届く可能性がどんどん高まります。

なので、あなたをフォローしてくれている人からリアクションをもらえるようにツイートの内容を考えましょう。

次の2つのツイートを比べて、どちらが良いか考えてみてください。

　左のツイートは、日記のような内容で、具体的にどこのカフェなのか、どんなサンドイッチなのかなどの情報が少なく、「そうなんだ～」と思って終わってしまいます。

　右のツイートは、イヤイヤ期の子供を育てるママであれば経験するような日常を切り取っており、応援したくなる内容になっています。

　このように**ユーザーの気持ちが動くと、リツイートやいいねをしてもらえる可能性が高くなります。**

　気持ちが動くツイートには次の3つのパターンがあります。

---

❶「その気持ちわかる！」と共感する内容
自分が経験や体験をしたことがある内容や、自分が言語化できていない気持ちを代弁してくれるような内容です。

❷「がんばれ！」と応援したくなる内容
努力していることをありのまま伝える内容です。どんな未来を目指して、どんな努力をしているのか具体的に伝え、共感を呼びます。

❸「知らなかった！」「勉強になる！」と学びや気づきにつながる内容
自分の専門分野の知識や、その知識を通して体験したことや得た知恵をまとめた内容です。

Twitterは他のSNSに比べて拡散力が高いので、人の共感が集まり多くの
リアクションをもらえると、爆発的に伸びる可能性も秘めています。

❸ 積極的にコミュニケーションを楽しもう

　Twitterでは、自分のツイートに対して反応をもらうことばかりを考える
のではなく、いいねや**リプライ**など、自分からも積極的にコミュニケーショ
ンをとることによって価値観の合う人とのつながりが広がります。

　特に、リプライは意外と人に見られている部分で、コミュニケーション
からあなたの人柄が伝わります。

　フォロワーの数を追うのではなく、1人1人とのコミュニケーション大切
にすることによって、フォロワーと濃い関係を築くことができ、結果的に
人とのつながりも広がっていきます。

　ここまでで発信する際のポイントについて解説しましたが、Twitter運用
で大切なことは、**最初はアカウント設計に時間をかけすぎず、ユーザーの
反応をチェックするために、まずは気軽に投稿をしてみることです。**

　アカウント設計やリサーチなどの事前準備も、とても大切なのですが、
人から反応がもらえる内容は、自分の頭で考えるよりも、実際に人からの
リアクションを見てみないとわからないこともあります。

　最初にガチガチに戦略を練っても的外れになってしまうこともあれば、
思いつきでツイートした内容が思わぬ反響を呼ぶこともあります。

　まずは発信をしてみて、やりながらリアクションをもらえる内容を探っ
ていき、自分のアカウントを軌道修正していくことが大切です。

　まずは、発信をしてみて多くの人とコミュニケーションを取りながら、
アカウントを運用していきましょう！

4-4

Twitterの投稿ワザを
マスターしよう

さらに、Twitterの便利な機能を使いこなして、1日2〜3投稿してフォロワーを増やせるようにしていきましょう。

ここでは、Twitterを運用する上で知っておきたい便利な機能を紹介します。

閲覧者が多い時間帯に投稿しよう

　タイムラインは常に情報が更新されるものなので、あなたのツイートが必ずフォロワーに見てもらえるとは限りません。

　あなたのツイートをより多くの見込み客に届けるために、見込み客がTwitterを閲覧しているであろう時間帯に合わせて更新しましょう。

▌一般的にツイートを見てもらいやすい時間帯

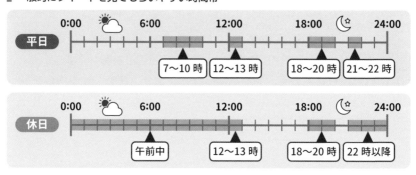

見込み客の生活リズムを考えよう

　上記の一般的に閲覧者の多い時間帯を目安に、自分の見込み客の生活リズムを考えましょう。

　例えば、小さな子どもを子育て中のママがTwitterを開きそうな時間帯を

考えてみましょう。

　生活を想像してみると、平日は、朝夕は送り迎えやご飯の準備などでバタバタとしてTwitterを見る時間がなさそうと想像できます。お昼や寝かしつけが終わった時間などは、比較的見てくれそうですね。

　休日であれば、家族と過ごす日中の時間はTwitterを開かない可能性が高そうです。このように、見込み客の生活リズムを想像し、見てもらえそうなタイミングに投稿を行いましょう。

設定した時間に投稿できる予約投稿機能を活用しよう

　顧客の生活リズムに合わせて投稿したくても、あなたがいつもその時間帯に合わせてツイートできるとは限りませんよね。

　そこで、活用できるのが**「予約投稿機能」**です。Twitterのパソコン版で表示すると、設定した時間にツイートを予約投稿することができます。

　フォロワーがよく見ている時間帯に、**ツイートが投稿されるように予約設定をしたり、毎日同じ時間にツイートされるように設定することで「この時間にいつも更新してる」と覚えてもらいやすいきっかけ**にもなります。

つぶやくネタに困ったときの思考法

投稿を続けていると、つぶやくことが思いつかない…という日も出てきます。そんなときには、過去のツイートを自分でリツイートする**「セルフリツイート」**をすることもおすすめです。

今まで投稿してきたものの中で、他のものに比べて反応が良かったものをリツイートしたり、逆に、投稿のタイミングが悪かったこと等が原因であまり伸びなかったツイートをリツイートしてみましょう。

考え方を変えれば、つぶやくことがない日でも自分の発信を広めるチャンスです。

投稿数たまってきたら使いこなしたいブックマーク機能

投稿数がたまってくると、過去の投稿を遡ることが大変になるので、見返したい投稿をブックマークして管理しておくと便利です。

以下のようなツイートをブックマークに入れておくと便利です。

- バズった投稿
- イベントなどの告知やおトク情報
- DMでよく来る質問への回答ツイート　など

4-5

Instagramを
ビジネス活用しよう

Instagramは写真や画像、動画やショートムービーを用いて発信するSNSです。
他のSNSに比べてユーザーの購買意欲が高いといわれており、ビジュアルで見せることに向いている商品やサービスの販売におすすめです。

ユーザーの購買意欲が高く、ビジネス活用におすすめ！

Instagramをビジネスに活用すべき理由は、他のSNSに比べてユーザーの購買意欲が高いといわれており、Instagramを通じて商品を購入することに慣れているユーザーが多いことが挙げられます。

Instagramの基本的な使い方からビジネスの活用方法まで学んでいきましょう。

Instagramを活用するために知っておきたい基本

Instagramは主に3つの投稿機能があります。

❶ 投稿（画像 or ショートムービーを投稿できる）
❷ ストーリーズ（投稿してから24時間のみ表示される）
❸ ライブ配信（リアルタイムで配信する）

Instagramの**リアクション機能**は、いいねとコメント、シェアがメインになります。

また、他のアカウントと共同で投稿できたり、カテゴリーごとに投稿をまとめて表示するなど、他にもさまざまな機能がありますが、まずは上記の3つの投稿機能を押さえれば大丈夫です。

■ ① 投稿

yurika_design

yurika_design 🎨 インスタグラム世界観の作り方

「インスタの世界観は
　どうやって作れますか？」

というご質問をよくいただくので
デザイン面での世界観の作り方を
まとめました🙆‍♀️ 🖖

投稿画像には載せきれてないのですが！

世界観を構成するのって
デザインも一つの要素なのですが、

目に見えるデザインだけじゃなくて
その人の考え方や言葉だったり、

「その世界に触れると
　見てくれた人は

インサイトを見る

👤👤 paulino_nana 他969人が「いいね！」しました

1月30

コメントを追加...　　　投稿する

■ ② ストーリーズ

お盆休み終えて今日から通常運行です〜〜

娘2歳のお誕生日のストーリーズ
沢山のお祝いありがとうございました🙇‍♀️♥️
家族旅行からスタートして
いとこちゃん達とのお誕生日会で締めくくり
娘の笑顔がたくさん見れたお盆休みでした👩‍👧笑
旦那さんと私は体力追いつくのに必死だった🙃笑

お知らせしたいことがてんこ盛りーーー！！！

今日までお盆休みの方が
多いのかな❓❓

今日までお休み🧑	29%
もうお仕事始まってる💻	54%
お盆休み仕事捗ったぜ😤	17%

■ ③ ライブ配信

▶ 00:16 ━━━━━━━━ 20:53 ≫

活用のポイントは感性とコミュニケーション

　Instagram活用において大切なポイントは、**感性へのアプローチとコミュニケーション**です。

　Instagramは画像やショートムービーの投稿がメインなので、テキストでは伝えきれない価値を伝え、感性にアプローチすることにとても優れたメディアです。例えば、次の2つの図を比べてみてください。

女性の心を動かすデザインが
得意なデザイナーです。

女性の心を動かすデザインが
得意なデザイナーです。

　「女性の心を動かすデザイン」と書いていますが、具体的にどのようなものかイメージしづらいですね。スタイリッシュなデザインを思い浮かべる人もいれば、可愛いデザインを思い浮かべる人もいるでしょう。

　このように**テキスト情報のみだと、受け取り手によってイメージするものが異なり、情報が伝わりきらない**というデメリットがあります。

　それに対して、右のようにテキスト＋画像を見るとどうでしょうか。

　テキストだけでは表現できなかった、得意なデザインがどんなものかがすぐにイメージできます。

　視覚的にイメージを伝えることで、「素敵だな」「なんか好き！」という相手の感性にアプローチすることができます。

　同じような商品やサービスが溢れる中で、この「素敵だな」「なんか好き！」という感情を作ることは、他の商品やサービスと差別化し、**顧客に選ばれるために大切なポイント**になります。

ユーザーと双方向にコミュニケーションする

そしてもう一つ、Instagramは投稿に対するいいねやコメント機能だけでなく、ユーザーとコミュニケーションをとれる機能が豊富にあります。

- ストーリーズを使った質問の投げかけ
- アンケート

Instagramはアカウントに対して評価付けをしており、Instagramの評価が高ければ高いほど、投稿が新しいユーザーにも届きやすくなるという仕組みになっています。

その評価の基準の一つが**フォロワーとのコミュニケーション**頻度です。ユーザーと積極的にコミュニケーションを取ることで、あなたの投稿がフォロワーに優先的に表示されるようになり、**エンゲージメントが高いアカウントになることによって、新規のユーザーにもあなたの投稿が届きやすく**なります。

▌ストーリーズを活用したユーザーとのコミュニケーション

なんか素敵！という感情からファンが生まれる

Twitterはテキスト主体のツールなので、情報も具体性高いものが好まれます。一方で、Instagramは視覚的な訴求が強いので、具体的な情報だけでなく、「なんか素敵だな」という抽象的な印象で好きになってもらえます。

例えば、ハンドメイド作品やメイクなど、**テキストよりも写真を１枚見せた方が商品やサービスの魅力が伝わりやすいものは、Instagramとの相性が抜群**です。商品やサービスの性質に合わせて活用しましょう。

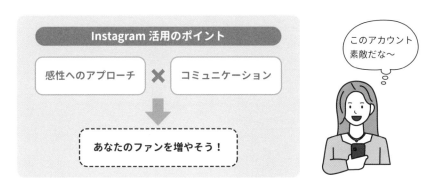

Instagramをビジネスで活用するための３STEP

基本的な３つのSTEPはTwitterと同じですが、Instagramの特徴を理解しながら進めていきましょう。

STEP1　アカウント設計
STEP2　伸びているアカウントをリサーチする、トンマナを決める
STEP3　発信をして、フォロワーを増やす

　Instagramにおいても、まずは**「誰に」**向けて**「どんな情報を」**発信するのか？　**というアカウント設計**を行います。

　そして、Twitter同様、あなたのアカウントで**何を発信しているのかが明確に伝わるプロフィールを設定**しましょう。ユーザーは投稿をきっかけにあなたに興味を持ち、プロフィール欄を確認して、フォローをするという流れで行動します。

　Instagramの具体的なプロフィール欄の内容はこのようになっています。

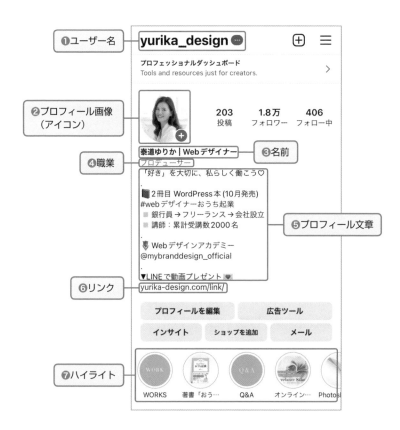

❶ ユーザー名

　あなたのアカウントを検索する時に利用したり、メンションをつける時に表示されるものになります。

　あなたの活動がわかる単語を組み合わせたユーザー名にすることがおすすめです。

　アカウントページのURLにも表示される文字列になるので、入力のしやすさも意識しましょう。

❷ プロフィール画像（アイコン）

　Instagram上であなたの顔となる画像です。プロフィール欄や投稿、ストーリーズの通知に表示され、よくユーザーの目に入る画像です。あなたの雰囲気や人間味、商品イメージなどが伝わる写真を選びましょう。

　また、Twitterなどの他のSNSと統一して設定することで、他のSNSでも見つけてもらいやすくなります。

❸ 名前

　Instagram上の「あなたの名前」です。考え方はTwitterと同様に「名前＋肩書きや活動」でまとめましょう。

　Instagramの検索機能では、名前に記載されているキーワードで、検索候補に表示されます。検索結果に表示されたいキーワードを意識して考えてみましょう。

❹ 職業

　Instagramをビジネスアカウント（ビジネスアカウントの詳細はP172参照）として設定すると職業を表示することができます。自分の職業を選んで設定しましょう。

❺ プロフィール文章

　Twitter同様、何を発信しているのかが伝わる内容にまとめましょう。Instagramのプロフィール欄は、頭から3行が表示され、続きを読むためには「もっと読む」をタップするという仕組みになっています。

　そのため、**頭の3行に相手に自分のアカウントで発信している内容やフォ**

ローする**価値**を記載することが大切です。

⑥ リンク

あなたのWebサイトや商品のページなどのリンクを貼りましょう。

⑦ ハイライト

ハイライトとは、24時間のみ表示される**ストーリーズ**のアーカイブをまとめておける機能です。

テーマごとに**ハイライト**をまとめておくとことで、ユーザーが好きなタイミングで閲覧できるので、興味を持ってもらいやすくなります。

ビジネスアカウントでは、どんなお仕事をしているか？がわかる実績や顧客の声、サービスの紹介などを入れておくことがおすすめです。

また、ハイライトにはカバー画像を設定することができるので、デザインを揃えて設定すると統一感が出ます。

STEP2：
伸びているアカウントをリサーチする、トンマナを決める

まずはリサーチする

アカウント設計を考えたら、Twitterと同様に同じジャンルで発信している人気アカウントをリサーチしましょう。

Twitterで伸びやすい内容と、Instagramで伸びやすい内容は異なるので、実際に、その市場をリサーチすることがとても大切です。

Instagramでリサーチする方法は、Instagramの検索機能を使って、自分の発信に関連するキーワードを検索し、同じジャンルで発信している人を探します。

また、#から始まる**ハッシュタグ**を追って、同じジャンルの人を追うこともおすすめです。

■ 発見欄

■ 人気投稿

Instagramは**「発見欄」**と、ハッシュタグごとに表示する**「人気投稿」**を
から投稿を確認することができます。

「発見欄」は、フォローやいいねしているアカウントに類似したものや、
あなたが興味を持ちそうな内容を自動で表示します。

例えば、普段メイクの投稿をよくみていたら、発見欄にはメイクの投稿
が表示されやすくなります。

また、**「人気投稿」**は、そのハッシュタグの中でもエンゲージメントが高
い人気の投稿を表示しています。

発見欄や人気投稿に表示される投稿は、他の人にもよく見られているア
カウントである可能性が高いので、**人気のアカウントを見つけやすい場所**
になります。

Instagramでも、**モデリングしたいアカウントを5〜10個程度ピックアッ
プ**してみましょう。

トンマナを決めよう

トンマナとは、トーン（tone）＆マナー（manner）の略で、**デザインのコンセプトや雰囲気を統一し、顧客に与える印象に一貫性を持たせるルール**です。

Instagramは画像で視覚的な訴求に長けているので、見た目が非常に大切です。投稿画像を見て「あ！あの人の投稿だ」とわかるような一貫性あるデザインにすることが大切です。

一貫したデザインを作る上で大切なポイントは、**色、写真のイメージ、フォントの3つのトンマナ**を決めることです。

このトンマナを揃えるか揃えないかで、印象は大きく変わります。例えば、以下の2つのフィードを見た時、どんな印象を持ちますか？

左図は写真の色味や雰囲気が統一されておらず、チグハグとした印象を受けるのに対して、右図は色、写真のイメージ、フォントが統一されており、一貫した印象を受けるのではないでしょうか。

このようにトンマナを決めることで、視覚的にあなたの印象やイメージを伝えることができます。

あなたが与えたい印象から、3つの要素についてトンマナを考えましょう。画像を作るときは2章で解説したCanvaがおすすめです。

Canvaには Instagram に適したテンプレートも豊富に用意されているので、効率よく作成できます。

Instagramの投稿画像の傾向として、**文字入れをして情報発信をすることが主流**になってきました。

ハンドメイドアクセサリーや雑貨などの商品の場合は、写真のみでも商品がどのようなものか伝えられますが、コンサルティングやライティングなどのサービスの場合、写真だけでは商品の内容を伝えることが難しいですよね。

そこで、写真だけでなく文字情報を加えた画像を作ることでInstagramを活用することができます。投稿の作り方については、詳しくはP151で解説しています。

STEP3：3つの方法でフォロワーを増やす

フォロワーを増やすためには、Instagramの投稿表示の仕組みを理解することが大切です。フォロワー以外に自分の投稿を見つけてもらうためには、主に以下3つの方法があります。

> ❶ 発見欄や人気投稿に表示される
> ❷ シェアしてもらう
> ❸ キーワードやハッシュタグで検索される

❶ 発見欄や人気投稿に表示されようにする

P151で解説した発見欄や人気投稿に、自分の投稿が表示されることで、フォロワー以外の人に見つけてもらえます。

発見欄や人気投稿は、普段から興味を持って見ているページで、あなたのアカウントに興味を持ってくれる可能性も非常に高くなります。

発見欄や人気投稿に掲載される基準は、エンゲージメントの高さです。エンゲージメントとは、あなたの投稿に対する反応です。

Instagramでは、単純なフォロワー数の多さではなく、**反応率の高さ＝エンゲージメントが高いほどいいアカウントとして評価される仕組み**になっています。

例えば、以下の2つのアカウントのどちらのエンゲージメントが高いでしょうか？

> ❶ フォロワー1000人で1投稿100いいね
> ❷ フォロワー1万人で1投稿100いいね

❶のアカウントの方がエンゲージメントが高くなります。

1000人のフォロワーしかいなくても100いいねつく**エンゲージメントの高いアカウントを優遇して、発見欄や人気投稿に表示する**という仕組みになっています。

エンゲージメントを高めるために、投稿内容に興味を持ってもらえる人を集めるようにしましょう。

❷ あなたの投稿を他の人にシェアしてもらう

投稿をシェアしてもらったり、あなたのメンションをつけてもらうことで、シェアしてくれた人のフォロワーさんに知ってもらえるという方法です。

メンションとは、**@ユーザー名をつけることで、「あなた宛のメッセージだよ」という通知を送る機能**です。

メンションをつけてもらうと、タップすることで、メンションされた人のアカウントのプロフィールページに飛ぶことができます。

同じジャンルで発信している人にシェアをしてもらえると、あなたの投稿に興味があるユーザーに知ってもらうことができます。

シェアをしてもらうコツは、日々のコミュケーションが大切です。あなたがシェアしてもらえたら嬉しいように、発信している人であればシェアしてもらえることは嬉しいことです。

まずは、**あなたが誰かのシェアをしてみることから始めてみましょう。**

そして、シェアして欲しいときは「シェアのご協力お願いします！」と素直に伝えることも大切です。あなたに好意を持ってくれている人であれば、きっと協力してもらえるはずです。

❸ キーワードやハッシュタグで検索される

キーワードやハッシュタグで検索されて、あなたの投稿を見つけてもらう方法です。あなたの投稿にハッシュタグを設定することで、ハッシュタ

グの検索結果に表示されるようになります。投稿内容に合わせて、適切に
設定しましょう。

　ハッシュタグの役割は2つあります。

> ❶ ハッシュタグからの流入
> ❷ インスタにあなたのアカウントの「ジャンル」を認知させる

　なので、ハッシュタグをつける時には、あなたの発信内容に合ったもの
をつけることが大切です。

　そして、ハッシュタグには投稿数によって以下3つに分類されます。

> ● ビッグワード …………10万件以上
> ● ミドルワード …………1〜10万件
> ● スモールワード ………1万件以下

　ハッシュタグをつける時には、**ミドルワードとスモールワードを中心に
付けることがおすすめです。**
　ビッグワードは、例えば「#ファッション」や「#カフェ」など多くの人
が知っていて、よく使うハッシュタグになりますが、その分、投稿される
数が多いので、ハッシュタグで検索された時にあなたの投稿が表示されに
くくなります。
　まずはライバルが少ないミドルワードやスモールワードを中心につけて、
小さな市場で、エンゲージメントを高めて、人気投稿に表示されることを
目指しましょう。

Instagramで映える！
お洒落にきまる写真の撮り方

フリー素材を使うのもいいですが、やはり自分で撮影した写真を投稿することであなたの表現する独自の世界観をユーザーに伝えることができます。ここではInstagram用の写真を撮影する時のコツを解説します。

まずは投稿の完成イメージを決めよう

撮影前に決めておきたいポイントは、以下の2つです。

❶ 投稿のメインは何にするのか
❷ 投稿する写真のサイズは？

❶では、**写真をメインにした投稿にするのか、写真に文字入れをして情報をメインにした投稿**にするのか完成形を考えます。

　文字入れをする場合は、文字を入れるスペースを想定して撮影することで、画像が作りやすくなります。

　❷投稿する画像のサイズです。撮影をする際に、正方形で撮影するのか、長方形で撮影するのかを決めておくとスムーズに撮影できます。

❶ 投稿のメインは何にするのか

写真を
メインにした投稿　　　　文字入れ投稿

or

❷ 投稿画像のサイズは？

正方形

縦長
長方形

横長
長方形

インスタで映える上手な写真撮影のコツ

「上手に写真撮れないんだよね……」と写真の撮影に苦手意識を持っている方も多いかもしれません。

2つのコツを意識して撮影してみましょう。

> ❶ 写真の主役を決める
> ❷ 写真の構図を意識する

❶ 写真の主役を決める

その写真において何を伝えたいかに合わせて、写真の主役を決めて撮影しましょう。例えば、手帳について投稿をしたいとき、下の2つの写真のどちらが伝わりやすいか見比べてみてください。

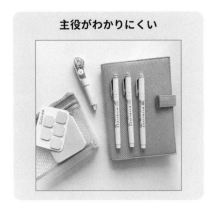

主役がわかりにくい

主役が一目でわかる

左の写真はさまざまな文具が置かれていて、ペンなのかノートなのか、パッと見た時に主役がわかりにくいですよね。対して、右の写真は手帳が一番最初に目に入ってきます。

このように伝えたいことに合わせて、**写真の主役を際立たせてあげる**ことで、投稿内容をイメージすることができます。

❷ 写真の構図を意識する

初心者さんでも写真を上手に撮影するためには、綺麗に撮れる「構図」

を意識することがおすすめです。

　ここでは、すぐに取り入れやすい3つの構図をご紹介したいと思います。

❶ 日の丸構図

　日の丸構図とは、日の丸のように、被写体を目立つように真ん中に置くシンプルな構図です。

　写真の主役が強調されるので、伝えたいことをわかりやすく表現することができます。

❷ 二分割法

　二分割法とは、上下または左右を2分割になるように配置する構図です。風景の写真などによく使われます。

　分割するラインが水平になるように意識することで綺麗な写真が撮れます。

　文字入れがしやすいので、文字入れ投稿をしたい時におすすめです。

❸ 三分割法

　三分割法とは、縦横それぞれ3分割にした線が重なる部分に被写体を配置する構図です。

　三分割法を意識することで被写体と背景のバランスがよく、お洒落に撮影することができます。

写真をトリミングして構図を整えてみましょう

　構図を意識して撮影できないときや、何気なく撮った写真を使いたいときもあると思います。

　そのようなときは、伝えたい部分に合わせてトリミングする方法もおすすめです。**トリミング**とは、不要な部分を除いて写真から切り取り、構図を整えることです。

　同じ写真でもトリミング次第で、写真で伝えたいことを強調したり、主役を変えることができます。

　Instagramの投稿機能でもトリミングできるので、投稿で伝えたい内容に合わせて上手に活用しましょう。

植物を主役にした
トリミング

ティータイムを
表現したトリミング

Instagramでおしゃれな
投稿画像をつくってみよう

Instagramの投稿画像をCanvaを使って作成してみましょう。Instagramの投稿画像のサイズに合わせて、Canvaのテンプレートを使うことで簡単に作成することができます。

集客につながる！　文字入れ投稿を作ってみよう

　ただ写真をそのまま投稿するのではなく、情報がわかりやすく伝わるように文字入れ投稿を作ることで集客につながります。

　文字入れ投稿とは、下図のように写真や画像に文字入れをした投稿です。

　文字情報が入ることによって、情報収集をしたい顧客により興味を持ってもらいやすくなります。

この投稿で何を得られるのか？
サブタイトルを入れる

何についてまとめた内容かわかる
タイトルを入れる

Instagram投稿画像のサイズ

Instagram投稿画像の形状は、**正方形、縦長長方形、横長長方形の3パ
ターン**があります。

元々は正方形サイズのみでしたが、最近では縦長や横長のサイズでも投
稿できるようになりました。画像を作成する時は、以下のサイズを参考に
作成しましょう。

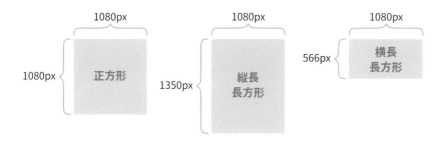

それぞれの特徴としては以下の通りです。

- **正方形**

ユーザーが見慣れているスタンダードなサイズ。プロフィール画面に一
覧で並んでいる写真の表示も正方形のため、どこで表示されても一番収ま
りのいいサイズです。

- **縦長長方形**

フィード投稿で表示された時に、他のサイズに比べて画面に対して大き
く表示されるので、フィード投稿の中でユーザーの目に留まりやすいサイ
ズです。プロフィール画面では、高さも1080pxの正方形に表示がされるの
で、投稿を作成する際には伝えたい情報は正方形に収まるように作成する
ことがポイントです。

- **横長長方形**

横長で撮影した写真や、スライド資料など元々横長サイズのものを投稿
したい場合に便利です。

Canvaで Instagram投稿画像を作成してみよう

Canvaを使って、正方形サイズで文字入れ投稿画像を作成してみましょう。

■ 画像の作成サイズを指定する

ホーム画面を開いたら「SNS」 ➡ 「Instagram」をクリックし、「Instagramの投稿（正方形）」のサイズを選択します。

■ テンプレートを選ぶ

テンプレートを活用し作成します。左側メニューのテンプレートから、好きなテンプレートを選びクリックすると右側のカンバスに反映されます。

3 テキストを変更する

テキストを変更したい場合は、編集したいテキスト部分をクリックし、
テンプレートで入力されている文字を削除して入れたい文字を入力します。

4 画像を変更する

　自分で用意した写真を使う場合は、左側のメニューの**「アップロード」**をクリックします。一度Canvaにアップした写真はこちらから選択できます。カンバスの方にドラッグ＆ドロップすることで写真を差し替えることができます。また、写真を新しく画像をアップしたい場合は「ファイルをアップロード」から画像をCanvaにアップロードします。

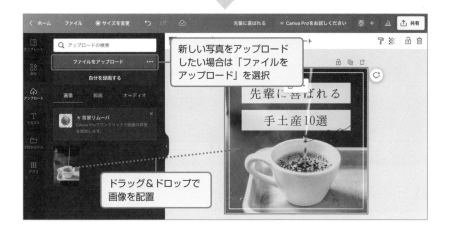

新しい写真をアップロードしたい場合は「ファイルをアップロード」を選択

ドラッグ＆ドロップで画像を配置

5 完成した画像をダウンロードする

　画像が完成したら、Instagramに投稿するために画像データをダウンロードします。

　右上の**「共有」>「ダウンロード」**をクリックします。ファイルの種類はPNGで**「ダウンロード」**をクリックすればダウンロードを開始します。

このデザインを共有

❶クリック！

限定的なリンクの共有

あなただけがアクセス可能

リンクをコピー

Instagramパーソナル　Instagramビジネス　スケジュール　閲覧専用リンク

⤓ ダウンロード

❷クリック！

6 Instagramに投稿しよう

ダウンロード保存した画像を、Instagramに投稿します。

Instagramはパソコンのブラウザ上からでも投稿可能です。パソコンのブラウザでInstagramを開き、アカウントにログインしたら、左側のメニューから投稿を作成します。

スマートフォンのアプリで投稿する場合は、作成した画像データをパソコンからスマートフォンに送信して投稿します。

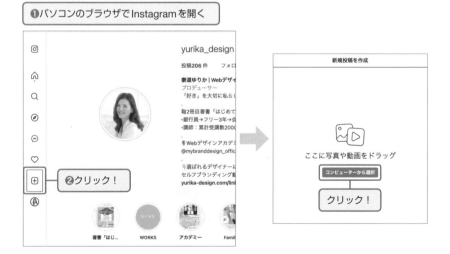

Canvaで作成した画像を選択し、アップロードします。

　フィルターを設定したい場合は、好みのものを選択し、特に指定をしない場合は**「次へ」**をクリックします。

　投稿キャプション（文章）を設定したら**「シェア」ボタン**をクリックすると投稿は完了します。

フィルターを設定しない
場合はそのまま「次へ」を
クリック

設定が完了したら
「シェア」をクリック
して投稿

キャプションには、投稿内容が
伝わる文章を設定

投稿がシェアされました。

4-8

Instagramの投稿ワザを マスターしよう

Instagramでは、1投稿に対して10枚まで画像を投稿することができます。フォロワーさんにとって役に立つ情報を1つの投稿にまとめてみましょう。

エンゲージメントを高める複数枚投稿の構成

文字入れ投稿で複数枚投稿をする場合には、1枚目に人の興味を惹く表紙、2~9枚目に具体的な内容、10枚目にフォローを促したり、自身のアカウントについて紹介する「サンクスページ」を入れる構成がおすすめです。

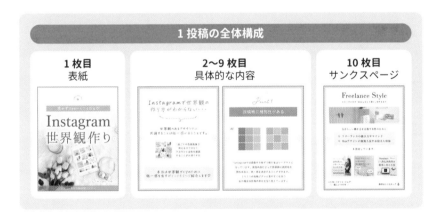

表紙は、パッと見て相手の興味を惹けるタイトルを入れます。2枚目以降は具体的な内容については、必要な枚数を設定すれば大丈夫です。作成のポイントは、1枚に情報を詰め込むのではなく、1枚の画像はパッと読めるくらいの情報量にして、相手の読みやすさを意識しましょう。

サンクスページでは、例えばフォローをしてもらう等、投稿を見終えたユーザーに起こして欲しい次の行動を促すようにしましょう。

Instagramを定期的に更新する方法

Twitter同様に**予約投稿機能**を使いこなしましょう。

Instagramの場合、Instagram公式の「クリエイタースタジオ」というサービスを利用することで予約投稿ができるようになります。

■ クリエイターズスタジオでInstagramと連携

クリエイターズスタジオの公式サイトにアクセスし、Instagramのアカウントと連携します。

https://business.facebook.com/creatorstudio/home

② [Instagram Feed] をクリック

左メニューにある [Create Post] をクリックし [Instagram Feed] をクリックします。

③ 投稿設定画面で投稿テキストと画像を設定

投稿設定の際は、右下のボタンから [Schedule] を選択し、指定の日時を設定します。

4-9

Instagramの
ショッピング機能を活用しよう

Instagramにはショッピング機能が備わっており、ユーザーをスムーズに商品ページに誘導することができます。ショッピング機能を活用して、Instagramからの購入率をアップさせましょう。

Instagramでは、投稿に商品のタグを設定することで、下図のように投稿をタップすると商品タグが表示され、タグに設定した販売ページにすぐに移動することができます。投稿を見たユーザーがすぐに販売ページに移動できることによって、ユーザーが「気になる！　ほしい！」と思ったタイミングでスムーズに購入することができるので、購入率が高くなります。

ショッピング機能を活用して、ユーザーにスムーズに購入してもらえる導線をつくりましょう。

ショッピング機能の設定方法

　ショッピング機能を利用するためには、以下5つの手順で設定が必要になります。

> ❶ Instagramをビジネスアカウントに設定する
> ❷ Facebookページを作成する
> ❸ カタログに商品を登録する
> ❹ 審査に申し込む
> ❺ 投稿に商品タグを設定する

　また、ショッピング機能には利用規約があり、主に、利用できる国と販売できる商品について制限があります。あなたが扱う商品やサービスが利用できるか利用規約を確認してから、ショッピング機能の設定を行いましょう。
　Instagramのアカウントを「ビジネスアカウント」に設定します。
　ビジネスアカウントに設定することで、ショッピング機能やインサイト分析など、事業主がInstagramアカウントを活用する上で役に立つ機能を使えるようになります。

❶ Instagramをビジネスアカウントに設定する

　Instagramのプロフィール画面を開き、**「設定」** ➡ **「アカウント」** ➡ **「プロアカウントに切り替える」** を選択します。

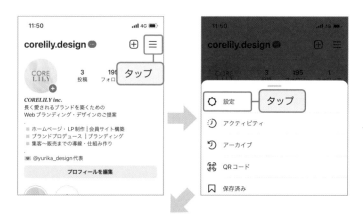

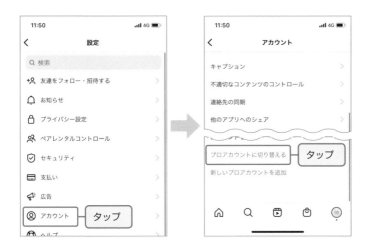

　「無料のプロアカウントに切り替えよう」と表示されると、プロアカウントで出来ることの説明が表示されます。**「次へ」**をタップして進めます。

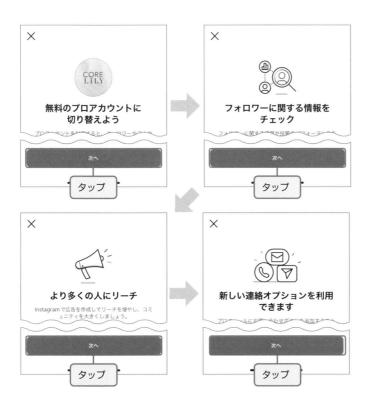

続いて、プロアカウントの設定を行います。

Facebookページの作成は後ほど行うので、ここではスキップします。

「プロアカウントを設定する」のそれぞれの項目もここではスキップするため右上の×をタップします。

ここまででビジネスアカウントの設定が完了しました。

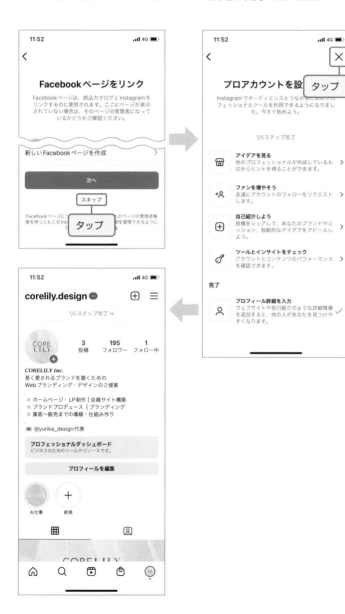

ショッピング機能を利用するためには、Facebookページを作成する必要があります。Facebookを開いて、Facebookページを作成しましょう。

　Facebookのアカウントが必要です。

② Facebookページを作成する

「メニュー」 ➡ 「ページ」 ➡ 「作成」 の順にタップします。

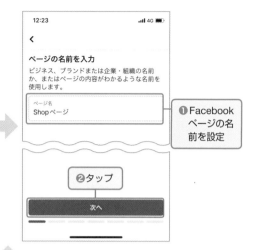

❶ Facebook
ページの名
前を設定

❷ タップ

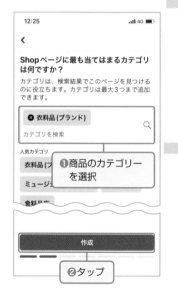

❶ 商品のカテゴリー
を選択

❷ タップ

❶ Facebook
ページに設
定する各項
目を入力

❷ タップ

ページをカスタマイズ

プロフィール写真は利用者が最初に目にするコンテンツのひとつです。あなたを容易に連想できるロゴやシンプルな画像を使用するのがおすすめです。

Shop ページ

アクションボタンを編集

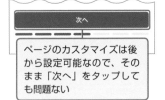

次へ

ページのカスタマイズは後から設定可能なので、そのまま「次へ」をタップしても問題ない

WhatsApp をページにリンク

WhatsApp アカウントをリンクすると、ページのオーディエンスが WhatsApp であなたにメッセージを送るためのボタンを追加できます。

まず、WhatsApp でコードが送信されます。WhatsApp アカウントに登録された電話番号を入力してください。

US +1 ▼ | 電話番号

コードを取得

スキップ

タップ

ページのオーディエンスを増やそう

友達にページとつながるようリクエストして Shop ページを成長させましょう。

友達を招待

次へ

タップ

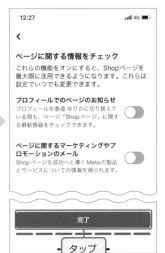

ページに関する情報をチェック

これらの機能をオンにすると、Shop ページを最大限に活用できるようになります。これらは設定でいつでも変更できます。

プロフィールでのページのお知らせ
プロフィールを素早くゆるやかに切り替えている間も、ページ「Shop ページ」に関する最新情報をチェックできます。

ページに関するマーケティングやプロモーションのメール
Shop ページを成功へと導く Meta の製品とサービスについての情報を得られます。

完了

タップ

Facebookページが
作成された

❸ カタログを作成する

　Facebookページを作成したら、ショッピング機能を利用する際に必要な「カタログ」を作成します。

　カタログに販売したい商品を登録することで、Instagramで商品のタグ付けを行うことができます。

　カタログの作成は、「コマースマネージャ」から行います。パソコンのブラウザで以下URLにアクセスして、設定を進めていきましょう。

https://www.facebook.com/business/tools/commerce-manager

クリック！

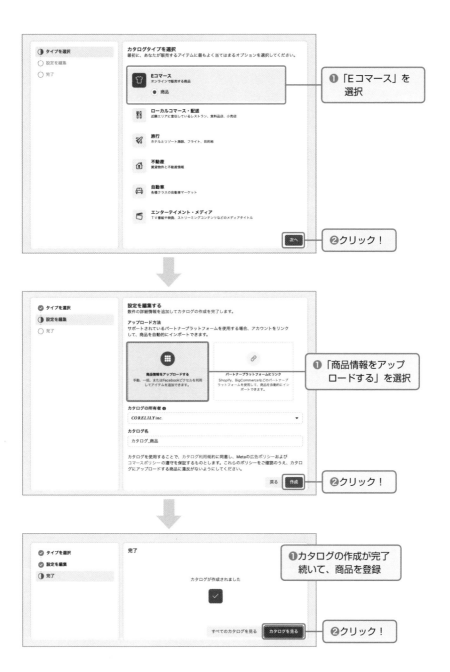

カタログタイプを選択
最初に、あなたが販売するアイテムに最もよく当てはまるオプションを選択してください。

Eコマース
オンラインで販売する商品

● 商品

❶「Eコマース」を選択

ローカルコマース・配送
近隣エリアに宣伝しているレストラン、食料品店、小売店

旅行
ホテルとリゾート施設、フライト、目的地

不動産
賃貸物件と不動産情報

自動車
各種クラスの自動車マーケット

エンターテイメント・メディア
TV番組や映画、ストリーミングコンテンツなどのメディアタイトル

次へ

❷クリック！

✓ タイプを選択
● 設定を編集
○ 完了

設定を編集する
数件の詳細情報を追加してカタログの作成を完了します。

アップロード方法
サポートされているパートナープラットフォームを使用する場合、アカウントをリンクして、商品を自動的にインポートできます。

商品情報をアップロードする
手動、一括、またはFacebookピクセルを利用してアイテムを追加できます。

パートナープラットフォームにリンク
Shopify、BigCommerceなどのパートナープラットフォームを使用して、商品を自動的にインポートできます。

❶「商品情報をアップロードする」を選択

カタログの所有者 ❶
CORELILY inc.

カタログ名
カタログ_商品

カタログを使用することで、カタログ利用規約に同意し、Metaの広告ポリシーおよびコマースポリシーの遵守を保証するものとします。これらのポリシーをご確認のうえ、カタログにアップロードする商品に違反がないようにしてください。

戻る　作成

❷クリック！

✓ タイプを選択
✓ 設定を編集
● 完了

完了

カタログが作成されました

❶カタログの作成が完了
続いて、商品を登録

すべてのカタログを見る　カタログを見る

❷クリック！

続いて、カタログから商品を登録していきましょう。

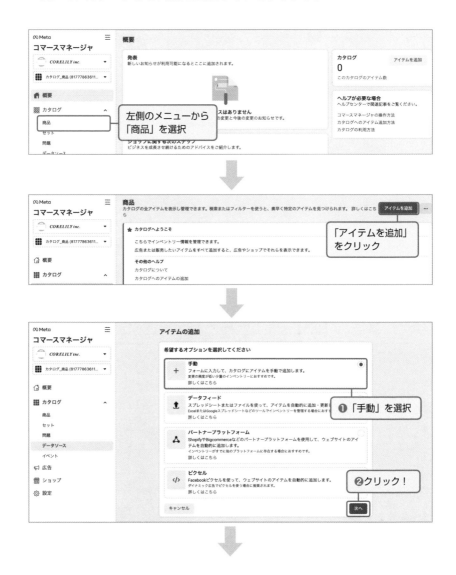

クリック！

複数のアイテムをまとめて追加
シンプルなスプレッドシートのフォームを使用して、複数のアイテムをカタログに簡単に追加できます。

🕐 複数アイテムを手動で追加する作業をスピードアップできます。

🗐 アイテムの複製やバリエーションの作成が簡単にできます。

💡 作業や問題の修正に役立つアドバイスが得られます。

スキップ　　Start tour

商品を追加
まずは、商品の画像を設定

「デバイス上のファイルを選択」
をクリック

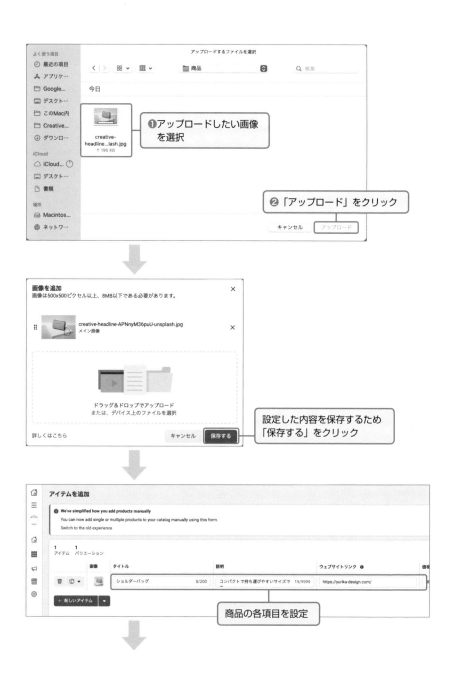

アップロードするファイルを選択

よく使う項目
- 最近の項目
- アプリケ…
- Google…
- デスクト…
- このMac内
- Creative…
- ダウンロ…

iCloud
- iCloud…
- デスクト…
- 書類

場所
- Macintos…
- ネットワ…

今日

creative-headline…lash.jpg
↑ 196 KB

❶アップロードしたい画像を選択

❷「アップロード」をクリック

キャンセル　アップロード

画像を追加
画像は500x500ピクセル以上、8MB以下である必要があります。　✕

creative-headline-APNnyM36puU-unsplash.jpg
メイン画像　✕

ドラッグ&ドロップでアップロード
または、デバイス上のファイルを選択

詳しくはこちら　　キャンセル　保存する

設定した内容を保存するため「保存する」をクリック

🏠 **アイテムを追加**

ⓘ We've simplified how you add products manually
You can now add single or multiple products to your catalog manually using this form.
Switch to the old experience

1　　1
アイテム　バリエーション

	画像	タイトル		説明		ウェブサイトリンク ⓘ		価格
🗑 📋▾	🖼	ショルダーバッグ	8/200	コンパクトで持ち運びやすいサイズで	19/9999	https://yurika-design.com/		

+ 新しいアイテム ▾

商品の各項目を設定

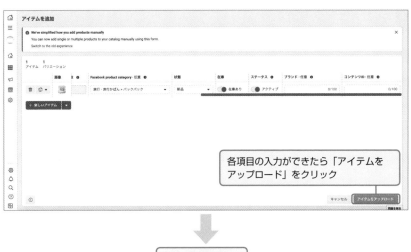

各項目の入力ができたら「アイテムを
アップロード」をクリック

↓

商品の登録が完了

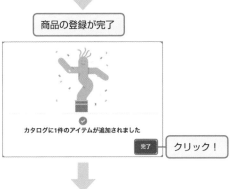

カタログに1件のアイテムが追加されました

完了 → クリック!

↓

登録された商品は、商品
一覧で表示される

4 ショッピング申請する

　カタログを作成し商品の登録が完了したら、Instagramでショッピング機能の審査申請します。

　スマートフォンでInstagramのアプリを開いて設定を行います。

「ショップを設定」からショッ
ピング機能の設定を行う

タップ

❶カタログを作成した
アカウントを選択

❷タップ

❶カタログで登録した商品
を選択

❷タップ

4

S
N
S
を
ビ
ジ
ネ
ス
で
活
用
し
よ
う

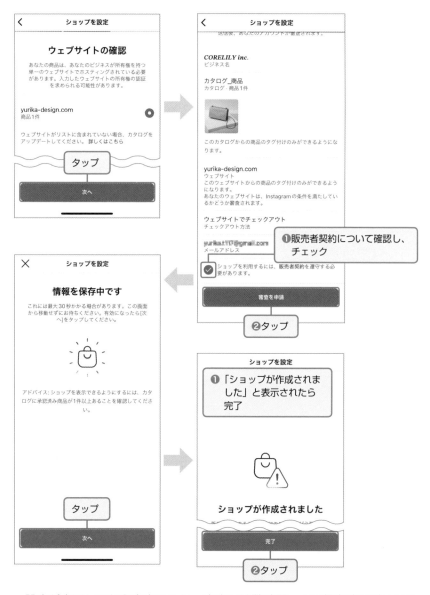

　設定が完了してから審査に入り、審査には数時間～1日程度時間がかかり
ます。

　審査が通ると、Instagramに通知が来るので、審査が完了するまで待ちま
しょう。

4-10
PDCAを回して
SNS運用を改善しよう

SNS運用において大切なことは、ただ発信し続けるのではなく、より成果が出るように改善しながらブラッシュアップしていくことです。具体的にどのように改善すればいいのか、インサイトを確認したらいいのかを理解して、PDCAを回していきましょう。

SNS運用において大切なPDCAとは？

　運用分析とは、何を意図して投稿して、その投稿にはどんな反応があって、目標に向けて具体的にどのように改善するのかという**PDCAサイクル**を回すことです。

　PDCAとは、Plan（計画）、Do（行動）、Check（確認）、Action（改善）の頭文字をとったもので、運用改善のために必要なサイクルとなります。
　具体的には以下のような流れになります。

P	STEP1	この投稿でどんな効果を得たいか？を考える （例）新規のお客さまに出会うためにフォロワーを増やしたい、 　　　問い合わせにつなげたい
D	STEP2	投稿する
C	STEP3	インサイトを確認して数字をチェック

狙い通りの効果が出てる！	思った効果が出てない…
今回立てた仮説が あっていたということ！	具体的にどこが仮説と違うのか？ 原因を考えよう！

A	STEP4	改善策を実行する

まずは、**投稿する際に「何を狙って投稿するのか？」を考えます（Plan）**。新規フォロワーを増やすためなのか、既存のフォロワーとのコミュニケーションのためなのかなど、投稿の目的を考えてみましょう。

そして、**投稿をして（Do）、投稿した結果を確認するためにインサイトをチェックします（Check）**。

インサイトとは、TwitterやInstagramで**投稿に対する反応数を確認できる分析ツール**です。

せっかく投稿を続けても、なかなかフォロワーや反応が増えなかったり思うように成果が出ないときは、インサイトでどんな投稿が反応されているのか、どのくらい閲覧が伸びているのかを確認することで、具体的に改善すべき課題を洗い出すことができます。

そして、**最後に結果に対して何を改善すべきか？　を考えて次の投稿でまた実験してみる（Action）**、というこのサイクルをぐるぐると回していくことによって運用が改善され成果が出てきます。

アカウントを立ち上げたばかりのときは、投稿数やフォロワー数が少ないため、インサイトでなかなか反応を確認できない場合が多いです。

まずは10個程度の投稿をしてみましょう。投稿数が増えていくことで、インサイトの数字にも反映されるようになります。

フォロワーが伸びないときのチェックポイント

思うような結果が出ないときは、下記をチェックしてみましょう。

❶ 投稿の量は足りているか？
❷ 発信の内容は「相手視点」になっているか？
❸ 伸びているアカウントと比較してみる

❶投稿量は足りているか

そもそも投稿の量が足りていないとフォロワー数は増えません。

特にアカウントを開設したばかりのときは、まだまだ認知がないアカウ

ントなので、投稿数を増やして認知を高めるのが良いです。毎日〜2日に1投稿くらいを目安に量を増やしてみましょう。

❷ 発信の内容は「相手視点」になっているか?

投稿をしているけど、なかなか反応がもらえない…という場合は、発信内容を見直しましょう。

アカウント設計をしても、発信をしているうちに、内容がズレてしまっていたり、自分が投稿したいことばかりになってしまっているということはよくあります。**リアクションをもらうためには、自分の伝えたいことを「相手視点」で発信することが大切です。**

❸伸びているアカウントと比較してみる

伸びているアカウントと比較することで、自分のアカウントや発信内容の改善点が見えてきます。以下3つのポイントを伸びているアカウントと比較してみましょう。

> • 伸びているアカウントはどんな情報を発信してる?
> • 自分のアカウントとは何が違う?
> • 反応のいい投稿と悪い投稿の違いは?

伸ばすために足りない要素が見えてくるはずです。

Twitterインサイトの活用方法

Twitterは、パソコンで開くと**「アナリティクス」**という機能から、Twitter全体の数字や各ツイートに対する反応を確認することができます（全体の確認ができるのはパソコン表示のみとなるので注意しましょう）。

チェックしたいポイントは、反応が多かった順番にツイートを表示してくれる[トップツイート]という部分です。

各ツイートのインプレッション数（ツイートを見た人の人数）、エンゲー

ジメント数（リアクションをしてくれた人数）、エンゲージメント率（反応率）を確認することができます。

　自分のツイートに対してどのくらいの反応があったのか、順番に並べてくれているので、反応がよかったものや悪かったもの、それぞれのツイート内容をチェックして、今後のツイートに反映させていきましょう。

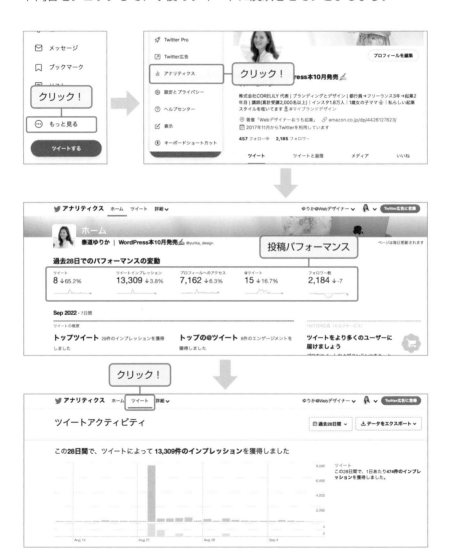

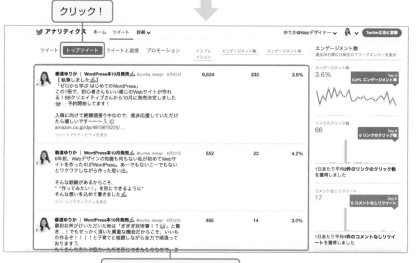

それぞれの投稿に対する反応

Instagramインサイトの活用方法

Instagramのインサイトは、アカウントを **「プロアカウント」** に設定することで確認できます。

Instagramでのインサイトのチェックポイントについて解説します。

インサイトをチェックしよう！

最初に投稿時に「何を狙って投稿するのか？」を考えます。

新規フォロワーを増やすためか、既存のフォロワーとのコミュニケーションのためかなど、投稿の目的を考えてみましょう。

そして、投稿をしたら、実際にインサイトを確認してみます。

インサイトの数字をチェックして、最初に考えた目的通りの数字が出ていれば、今後もその方向性で投稿をしていけば大丈夫です。

もし思った効果を得られていない場合は、具体的にどんな結果が出ているのかを把握して、原因を考えてみましょう。

1 投稿員サイトを見る

自分のアカウントの投稿の画像の下の**「インサイト」**をタップします。

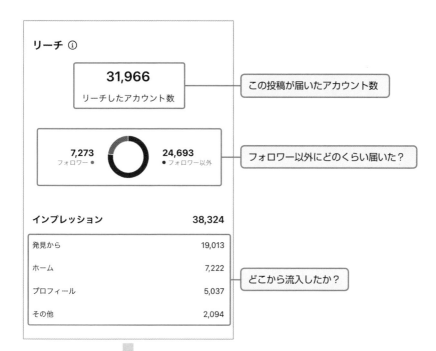

リーチ ⓘ

31,966
リーチしたアカウント数

この投稿が届いたアカウント数

7,273
フォロワー ●

24,693
● フォロワー以外

フォロワー以外にどのくらい届いた？

インプレッション	38,324
発見から	19,013
ホーム	7,222
プロフィール	5,037
その他	2,094

どこから流入したか？

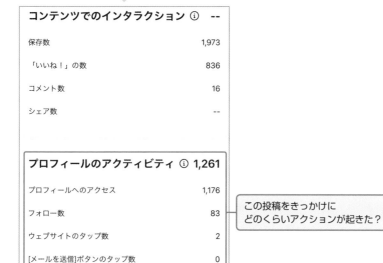

コンテンツでのインタラクション ⓘ	--
保存数	1,973
「いいね！」の数	836
コメント数	16
シェア数	--

プロフィールのアクティビティ ⓘ	1,261
プロフィールへのアクセス	1,176
フォロー数	83
ウェブサイトのタップ数	2
[メールを送信]ボタンのタップ数	0

この投稿をきっかけに
どのくらいアクションが起きた？

SNSとの上手な付き合い方

SNS運用は、**定期的にそして継続して発信**することが大切です。しかし「モチベーションが続かない…」という壁にぶつかる時があります。

SNSと上手に付き合うための3つのコツをお伝えしたいと思います。

> ❶「完璧」じゃなくていい
> ❷ 継続できる仕組みをつくる
> ❸ フォロワーとのコミュニケーションを純粋に楽しむ

Web集客のためにSNSは完璧にしなくてはと考えすぎず、気楽に継続していけるようにしましょう。同じような仲間で弱音を吐けるような交流の場所を持つといいでしょう。

また、一人で続けるのが厳しいときは事業のパートナーや画像の外注などパートナーを探しましょう。

最後に、フォロワーと楽しく交流できていれば大丈夫と思うことも大切です。

自分なりのルールを決めてSNSと上手に付き合っていきましょう。

第 **5** 章

Web集客の導線を
整えよう

顧客が迷わずに購入ページにたどり着けるように、SNSやWeb
サイトなどの各媒体をスムーズに移動できる導線を作ることが大
切です。
Web集客において必要な導線のつくり方を理解しましょう。

5-1

Web集客の導線とは

Web集客を行う上で、SNSやWebなどの情報ツールから最終的に購入に
結びつけられるよう、それぞれのツールをリンクして導線をつくることが
大切です。顧客が迷わずに進める導線作りについて学んでいきましょう。

Web集客は導線がカギ

　Web集客を行う上で大切なことは、どのツールを入口としても、最終的
にあなたのサービスを**購入できるページまでスムーズにたどり着く**ことが
できる**導線作り**です。

　顧客は、WebサイトやSNSで一生懸命に発信をして情報を届けても、購
入できるページにたどり着くことができなければ、購入には至りません。
各ツールがバラバラに存在してしまうと、目的のページにたどり着くこと
ができないので、各ツールの点を線でつなげましょう。

Web集客の導線の流れを考えよう

　導線作りにおいて大切なポイントは、1章で学んだ次のページにある
Web集客の全体像の流れに沿って考えることです。

　顧客があなたのサービスを知ってから、商品やサービスを購入するまで

の心理があります。この心理の流れに沿って進めるように、それぞれのツールを配置し導線でつなげていくことが大切です。

顧客心理を分析する「カスタマージャーニーマップ」

顧客の心理と行動を、それぞれのフェーズごとに分析するワークフレーム「カスタマージャーニーマップ」というものがあります。

カスタマージャーニーとは、カスタマー（顧客）がジャーニー（旅）をするということにたとえられたワークフレームです。

具体的には下図のような形です。この流れに沿って、各ツールへとスムーズに移動できるようにすることが**導線作り**です。

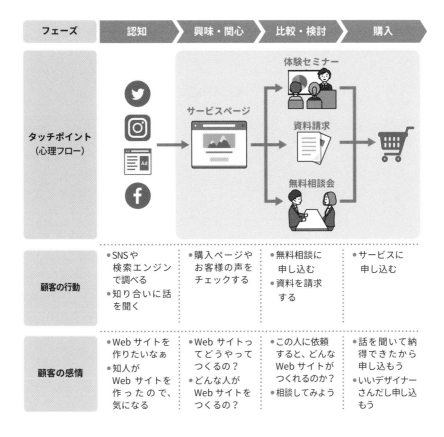

フェーズ	認知	興味・関心	比較・検討	購入
顧客の行動	●SNSや検索エンジンで調べる ●知り合いに話を聞く	●購入ページやお客様の声をチェックする	●無料相談に申し込む ●資料を請求する	●サービスに申し込む
顧客の感情	●Webサイトを作りたいなぁ ●知人がWebサイトを作ったので、気になる	●Webサイトってどうやってつくるの？ ●どんな人がWebサイトをつくるの？	●この人に依頼すると、どんなWebサイトがつくれるのか？ ●相談してみよう	●話を聞いて納得できたから申し込もう ●いいデザイナーさんだし申し込もう

カスタマージャーニーマップのつくり方

　カスタマージャーニーは、横軸で**認知➡興味・関心➡比較・検討➡購入**と心理フローを並べます。

　それぞれのフェーズにおいて、次のことを埋めます。

> ● **タッチポイント = 顧客が自社と接点を持つポイント**
> ● **顧客の行動 = 顧客はどんな行動をとっているのか**
> ● **顧客の感情 = 顧客がどんな気持ちなのか**
> ● **施策 = 各フェーズの顧客に対して自社ができること**

　それぞれのフェーズにおいて、どのタッチポイントで、顧客がどのような感情を持ち、どのような行動を取り、次のタッチポイントに進むのか？細かくを設定します。

カスタマージャーニーマップをどう活用するのか

　カスタマージャーニーを作成することで、SNSやWebサイトといった各ツールがどのような役割を果たし、顧客がどのような導線をたどるかという全体像を整理できます。

　各フェーズの顧客の気持ちを想像して、認知から購入までの流れをスムーズに運べるようにしましょう。

作成して終わりではない

　カスタマージャーニーを作成した時点では、こちらの想像で考えた内容なので、実際にWeb集客をする中で顧客の反応を確認しながら、リアルな顧客の声から内容をブラッシュアップしていきましょう。

5-2

SNSの集客導線を考えよう

SNSでフォローをしてもらったり、SNSから見て欲しいWebページに飛んでもらうためには、顧客がスムーズに行動できるように案内をしてあげることが大切です。InstagramとTwitterそれぞれ具体的にどのような案内をするといいのか？　それぞれの特徴に合わせて活用しましょう。

SNSの導線とは？

　カスタマージャーニーを作成してWeb集客全体の心理フローを考えるだけでなく、1つのツールの中でも顧客の導線を考えることが大切です。

　Twitterで偶然あなたのツイートを見た人が、あなたのツイートの内容に興味を持っても、フォローをしてくれるとは限りませんし、見てほしいWebサイトをすぐに見てもらえるわけではありません。

　ただ発信をするのではなく、何を見てほしいのか？どのような行動をしてほしいのか？　を意識し顧客が具体的なアクションを起こせるように促してあげることが大切です。

導線作りは顧客への道案内

　例えば、あなたが初めて訪れる目的地に向かう際に、地図も道案内もない状態では道に迷ってしまいますよね。でも、マップや案内板があるだけで、スムーズに目的地に向かうことができます。

　このように、**Web上でも、顧客にどこに進めばいいのかを具体的に示すことでスムーズに行動ができる**ようになるのです。

　特にSNSは、顧客にはあなたの情報だけが目に入ってくるのではなく、他の発信者の情報も大量に流れてくる場になります。

　その中で、あなたの情報に興味を持ってもらい、あなたがゴールとしている場所に顧客を導くためには、わかりやすく導線を用意し、行動を促す

案内をすることが大切です。

案内がないと、
どこに進んでいいか
わからない

案内があれば
スムーズに行動できる

Instagramの導線作り

Instagramにおいての**「投稿」**から、**「フォロー」や「あなたが見て欲しいWebサイトへの訪問」**へと導線をつくります。

あなたの投稿を見つけて興味をもってくれた顧客をゴールまで案内できるように、どのような行動フローをたどるのか考え、導線をつくりましょう。

❶「投稿」から「フォロー」の流れ

発見欄や人気投稿などからあなたの投稿を見つけて、「このアカウント素敵！興味ある！」と思ったら、どんなアカウントかをチェックするために、あなたのプロフィールに飛びます。

そこで、プロフィールや投稿一覧を見て「また投稿が見たいな」と思ったら、フォローをしてもらえます。

偶然見つけた1枚の投稿に興味を持っただけでは、フォローをしてもらえない可能性もあるので、**「投稿」から「プロフィール欄に飛んで、フォローしてもらう」ための案内**を促すことが大切です。

具体的には、次のような方法が挙げられます。

（1）何を発信しているか？　何を得られるのか？　を明記しておく

　投稿文の中や、投稿画像の中にあなたのアカウントで発信していることをわかりやすく書いておき、プロフィール欄に飛びやすいように自分のメンションを貼っておきましょう。

　投稿を読んだ後で、メンションからあなたのプロフィールにリンクできる導線をつくることで、顧客がスムーズにフォローしやすくなります。

▌投稿

▌プロフィール

（2）行動を促す「サンクスページ」を作成する

　投稿画像の最後に、行動を促す「サンクスページ」を入れて導線をつくります。サンクスページには、アカウントで発信している内容や人気投稿をまとめ、顧客がフォローするメリットを伝えましょう。

行動を促すサンクスページには、
アカウントについてわかりやすくまとめ
フォローするメリットを伝える

❷「投稿」から「見てほしいWebサイトへの訪問」の流れ

「見てほしいWebサイト」に訪問してもらうためには、そのページに飛べるようにリンクを貼ることが必要です。リンクを貼る方法は2つです。

❶ プロフィール欄に固定で貼っておく方法
❷ ストーリーズにリンクを貼る方法

❶プロフィール欄に設定するリンク

プロフィール欄に固定してリンクを表示することができるので、**あなたの活動の全体がわかるページや、メインのWebサイト、そのときに一番見てほしいページのリンクを設定**しておきましょう。

注意点としては、Instagramでは投稿キャプションでURLを貼ってもただのテキスト情報として表示されてしまい、投稿文から直接リンクで飛ぶことができず、導線として機能しません。

タップをすれば簡単にWebサイトを開けるように、**プロフィール欄のリンクに設定**するようにしましょう。

❷ストーリーズにリンクを貼る方法

　ストーリーズには、自分が見てほしいWebサイトへのリンクを設定することができます。プロフィール欄と違って24時間だけの表示ですが、**ハイライト**にまとめておくことも可能です。

　ストーリーズの場合、**リアルタイムに発信することができたり、文字や写真と組み合わせてリンクを設定することができる**ので、そのページを見てほしい理由やストーリーを伝えることができます。

　投稿を見た顧客も、ただページのリンクが貼られているだけより、なぜそのページを見てほしいのか、どんなページか、ということをあなたの言葉で伝えられることによって「見てみたいな」という気持ちが高まります。

　また、ストーリーズは主にあなたのフォロワーが見るものなので、**コミュニケーションを深めながら誘導することで、興味・関心を高めた状態で見てもらうことができ、非常に効果的です。**

　プロフィール欄とストーリーズ、それぞれの役割を理解して有効活用しましょう。

Twitterの導線作り

　Twitterでは「ツイート」から「フォロー」や「あなたが見てほしいWebサイトへの訪問」へと導線をつくります。Twitterはタイムラインの流れが早いので、固定の情報を置いておける場所に情報をまとめ、誘導するようにしましょう。

　Webサイトへの案内ポイントは以下の3つです。

> ❶ プロフィール欄
> ❷ 固定ツイートを設置
> ❸ ツイートにリンクを貼る

❶ プロフィール欄

　プロフィール欄に固定のURLを設定しておくことができます。

　また、プロフィール文章の中にもリンクを設置できるので、見てほしいページが複数ある場合には、それぞれに設定するのもいいでしょう。

　設置されているリンクが多いと、ユーザーが迷ってしまうので、1~2個程度に絞って設定しましょう。

❷ 固定ツイートに設置

　固定ツイートとは、プロフィールを見た時に特定ツイートを常にトップに固定表示できる機能です。

　固定ツイートはいつでも設置、解除が簡単にできるので、**期間限定のお知らせや今見て欲しい情報**をその都度、設定できます。

　また、リンクのサムネイル画像も表示され、プロフィール欄の文字リンクよりも、視覚的に伝えることができるので、上手に活用しましょう。

❸ ツイートにリンクを貼る

　ツイートにリンクを貼ると、直接そのページに飛ぶことができるリンク

として表示されます。リアルタイムに見てほしいページなどがある場合は、ツイートに直接URLを貼って、リンクを流すことができます。

　ただし、外部サイトのリンクを貼ったツイートはリーチ数が下がりやすい傾向にあります。プロフィール欄や固定ツイートと併せて活用しましょう。

リンク

固定ツイート

Webサイトの集客導線を考えよう

Webサイトの中でも、顧客がスムーズにゴールに到達できるための導線を考えましょう。複数のページで構成されたWebサイト、1つのページで構成されたランディングページそれぞれの特徴を理解していきましょう。

Webサイトの導線とは？

Webサイトは2章で解説した通り、複数のページから構成されるWebサイトと、1つのページで構成される**ランディングページ**があります。

わかりやすく例えるなら、Webサイトは「あなたの情報がまとまっているパンフレット」、ランディングページは「1つのサービスを販売することに特化したチラシ」です。

Webサイトは、各ページ間をスムーズに移動でき、ゴールのアクションをおいているページへ一番リンクしやすいようにつくることが大切です。

それに対して、ランディングページは購入やお問い合わせなど、1ページ1つのゴールアクションのみを設置します。

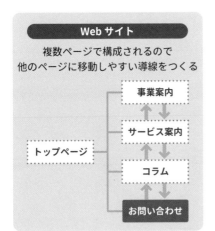

Webサイト

複数ページで構成されるので
他のページに移動しやすい導線をつくる

トップページ — 事業案内
↕
サービス案内
↕
コラム
↕
お問い合わせ

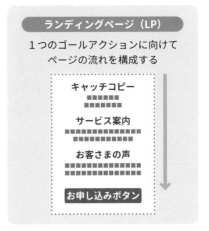

ランディングページ（LP）

1つのゴールアクションに向けて
ページの流れを構成する

キャッチコピー

サービス案内

お客さまの声

お申し込みボタン

複数ページで構成されるWebサイトの導線作り

Webサイトは、全員がトップページから閲覧するわけではありません。

どのページから閲覧されても、見たいページへのリンクがわかりやすく、スムーズにゴールにたどりつけるように導線をつくることが大切です。

Webサイトで導線となるポイントは3つです。

❶ ナビゲーションメニュー
❷ フッター
❸ サイドバー

❶ ナビゲーションメニュー

❷ フッター

❶ ナビゲーションメニュー

　どのページを開いても上部に表示され、他のページに飛ぶことができる案内板のようなものです。ナビゲーションメニューには、主要なページのリンクを設置しておきましょう。

❷ フッター

　すべてのページの一番下に表示されるコンテンツエリアになります。ページの一番下まで目を通しているユーザーは、そのページの情報やコンテンツへの興味が比較的高くなります。

　つまり、**フッターまで行き着く場合、興味・関心が高い状態**になっていることが考えられ、関連ページや商品やサービスのページへのリンクを置いておくことで閲覧の可能性が高くなります。

　フッターでなくても、ページの一番下には、見ているページに関連する情報が掲載されているページへの導線を配置しておきましょう。

❸ サイドバー

　メインコンテンツの左右などに配置されるコンテンツエリアです。

　サイドバーを表示しておくことで、メインコンテンツには載せきれない情報や導線を配置することができます。

　ただし、サイドバーを配置することで情報量が多くなると、逆にわかりにくくなってしまう場合があるので、配置するか否かは、そのページの情報量に合わせて検討しましょう。

ナビゲーションメニューの設定をしてみよう

WordPressでナビゲーションメニューを設定する方法を確認しましょう。

今回は2章で作成したWordPressのLightningのテーマを使って、ナビゲーションメニューとフッターメニューを変更します。Lightningのテーマを設定した初期設定の時点では、以下の通りの内容になっています。

☐1 メニューを変更する

ナビゲーションメニューの設定は、ダッシュボードの「外観」➡「メニュー」から行います。

設定できるメニューはテーマによって異なります。Lightningの場合、初期設定でフッターナビとヘッダーナビの2つのメニューが設定されています。

　今回は、ヘッダーナビの内容を編集して、ナビゲーションメニューとフッターメニューの位置に表示させましょう。

2 ヘッダーナビを編集する

　「編集するメニューを選択」 からヘッダーナビを選択して、**「選択」** をクリックします。

「メニュー項目を追加」から追加したいページやリンクを設定することで、メニューに追加することが可能です。「固定ページ」からサンプルページをメニューに追加してみましょう。

メニューの位置や、メニューに表示する名前を変更することも可能です。

「メニュー設定」の「メニューの位置」とは、設定しているヘッダーナビをどこに表示させるかを設定することが可能です。

初期設定では、「Header Navigation」のみにチェックが入っていますが、フッターも同じものを表示してみましょう。

3 フッターに表示させる

「Footer Navigation」にチェックを入れ、**「メニューを保存」**をクリックします。

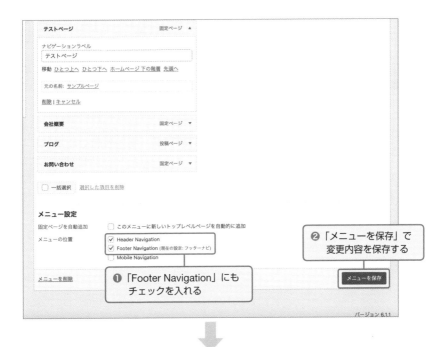

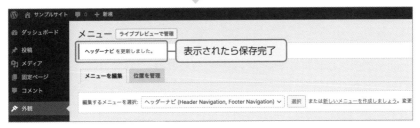

Webサイトを開いて変更を確認しましょう。ナビゲーションメニューとフッターメニューの部分に、今設定した内容が反映されていることが確認できます。

　ナビゲーションメニューやフッターメニューは、ユーザーがWebサイト上をスムーズに移動するために大切な導線になります。
　ユーザーが必要な情報に迷わずたどり着けるように、メニュー設定を行いましょう。

5-4

導線を改善しよう

Web集客の導線が完成したら、顧客が想定通りに行動し、成果につながっているのかを確認し、改善していくことが重要です。成果が出ているかどうかを客観的な数字で判断しましょう。

Web集客の導線をブラッシュアップしよう

Web集客のゴールは「商品やサービスの購入」です。

カスタマージャーニーの想定通りに顧客が行動し、購買に至っているかどうかを確認することが大切です。

あなたの頭の中では「こう考えるだろう」「ここにリンクを配置しておけばわかるだろう」と思っていたことが、実際は顧客には伝わっておらず、離脱したり、リンクをクリックしてもらえていないかもしれません。

それでは、具体的にどのように判断すればいいのかというと、各タッチポイントの「数字」を把握することです。

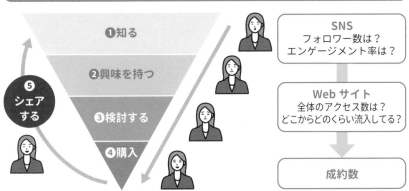

各タッチポイントの数字を把握しよう！

❶知る
❷興味を持つ
❸検討する
❹購入
❺シェアする

SNS
フォロワー数は？
エンゲージメント率は？

Web サイト
全体のアクセス数は？
どこからどのくらい流入してる？

成約数

初心者がチェックするべき3つのタッチポイント

❶ SNS：フォロワー数／エンゲージメント率

SNSにおいては、**フォロワー数**と**エンゲージメント率**を確認しましょう。

フォロワー数は、あなたのアカウントや情報にどのくらいの人が興味を持ってくれたのかという指標です。

エンゲージメント率は、投稿に反応したユーザーの割合です。3章で解説した通り、SNSにおいてエンゲージメント率は大切です。

フォロワー数が最もわかりやすい数字ですが、あなたを偶然フォローして、その後は興味を持たない状態になってしまうことも考えられます。

そのため、発信に興味を持って反応してくれる人がどのくらいいるのか？エンゲージメント率（確認方法は193ページ）も確認しましょう。

❷ Webサイト：アクセス数、流入元

Webサイトにおいては、**ページのアクセス数と流入元**を確認しましょう。

ページのアクセス数は、Webページを何人が見てくれているのか？　という全体の数字です。

また、Webサイトにアクセスしてくれた人は、どの媒体から流入してきたのか？　という**アクセスの流入元**を把握しましょう。

例えば、Twitterからは月間100人の流入しかないが、Instagramは月間300人の流入があるとわかれば、Instagramにより力を入れるべきだと考えることができます。

逆に、Twitterからもっと流入を増やせないか？　Instagramと何が違うのか？　と対策を考えることができます。

Webサイトのアクセス数や流入元については、アクセス解析ツールを利用することでチェックできます（詳しくは220ページ）。

❸ 成約数

　成約数は、**実際に何件お申し込みが入ったのかという数字です。**

　この成約数は売上に直結する部分になるので、月毎などにまとめて推移がわかるように把握しておきましょう。

　これらを把握することで、Web集客のゴールとなる成約数を改善するポイントを見つけることができます。

　例えば、成約数をもっと伸ばしたいと考えたときに、フォロワー数やエンゲージメント率は高いけど、Webサイトへのアクセス数が少ないということがわかれば、Webサイトへのアクセス数を改善する方法を考えればいいのです。

　最終的な成約数しか把握できていないと、具体的に改善すべきはSNSなのか？　それともWebサイトなのか？　判断することが難しくなります。

　各タッチポイントについて、客観的に判断ができる数字を把握し、導線の見直しを行いましょう。

WordPressでアクセス解析プラグイン 「WP Statistics」を設定しよう

Webサイトの数字を把握するためには、**アクセス解析ツール**の導入が必要です。

アクセス解析ツールにはさまざまな種類がありますが、今回はWordPressで簡単にアクセス解析を導入できる「WP Statistics」というプラグインをご紹介します。

WordPress以外のツールの登録や連動は不要で、プラグインをインストールすれば、ダッシュボード上でWebサイトのアクセス数や流入元などの数字をチェックできます。

初心者さんにおすすめのアクセス解析プラグイン

WP Statistics

プラグインを有効化すれば
WordPress のダッシュボード上で、
Web サイトの訪問者の数や
ページ毎のアクセス数を確認できます。

■ プラグインをインストールする

WordPressのダッシュボードを開き、プラグインをインストールします。ダッシュボードの［**プラグイン**］➡［**新規追加**］をクリックします。

検索BOXに［**WP Statistics**］とテキストを入力し、検索結果に表示された［**WP Statistics**］の［**今すぐインストール**］をクリックし、有効化を行います。

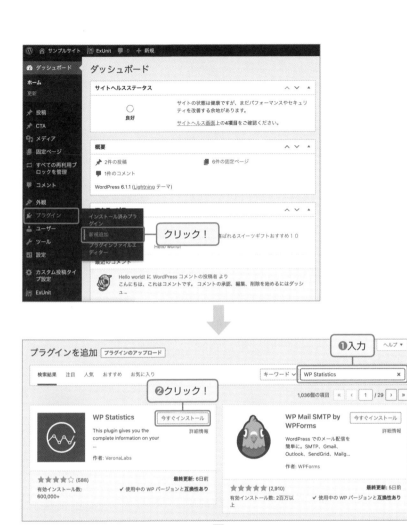

❷ アクセス解析ページを確認してみよう

有効化が完了すると、「プラグインが有効化しました。」と表示されます。
[統計情報]をクリックし、アクセス解析画面を確認します。

[統計情報] をクリック

3 アクセス解析を確認する

[統計情報] をクリックすると、WP Statisticsの画面が開き、アクセス解析を確認できます。

プラグインを有効化した時点では、まだ数字が反映されていない状態です。有効化してから、数時間後には数字が反映されます。

アクセス解析のチェックすべきポイント

WP Statisticsでは、次の3つの点についてチェックしましょう。

Ⓐ Webサイト全体のアクセス数
Ⓑ 各ページのアクセス数
Ⓒ 流入元

　Webサイトのコンテンツや導線をブラッシュアップし、成果につながる運営を目指しましょう。

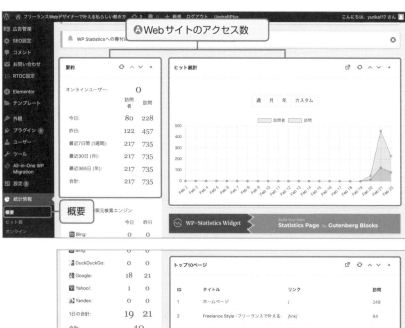

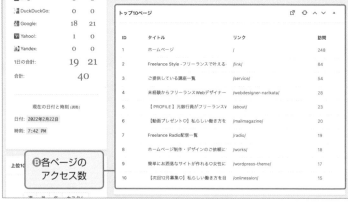

Ⓐ Webサイト全体のアクセス数

［概要］ ➡ **［要約］** では、日、週、月、年の単位でWebサイトのアクセス数を確認できます。

「訪問者」は訪問してくれたユーザーの人数、**「訪問」**は累計の訪問数です。

Ⓑ 各ページのアクセス数

［概要］ ➡ **［トップ10ページ］** では、ページの訪問数ランキングを確認できます。どのページがよく見られているのかを確認することで、ユーザーの興味のあるコンテンツを分析し、改善に反映しましょう。

Ⓒ 流入元

［参照元］ ➡ **［トップ参照サイト］** では、何を経由してWebサイトに訪れてくれたのか参照元のランキングを確認できます。

どこからの流入が多いのか？　をチェックすることで、Webサイトへの導線の改善につながります。

5-5

Webサイトのアクセス数を 増やそう！　SEOってなに？

SEOとは検索エンジン最適化のことです。ユーザーがGoogleや Yahoo!JAPANなどの検索エンジンを使ってキーワード検索したときに、 検索結果の中でより上位に表示されるように行う取り組みになります。

SEOってなに？

ユーザーがGoogleやYahoo!JAPANなどの検索エンジンを使ってキー ワード検索したときに、検索結果の中でより上位に表示されるように行う 取り組みです。Webサイトのアクセスを増やすために効果的です。

SEO＝ 検索エンジン最適化
(Search Engine Optimization)

検索エンジンの表示結果はどうやって決まるの？

Googleの検索結果は、Webページを巡回して情報収集している**クロー ラー**がWebページを認知し評価することで、表示される仕組みになってい ます。

検索結果の順位は、「Webサイトの情報の内容」を重視して、ユーザーが 求めている情報を届けるために**検索キーワードと関連性が高いものから上 位に表示**されるようになっています。

まずはクローラーにWebページの存在を認知してもらい、関連のキー ワードで上位に表示させるために「何を発信している、どんな情報が掲載 されているWebサイトなのか」がクローラーに伝わるように設定すること が大切です。

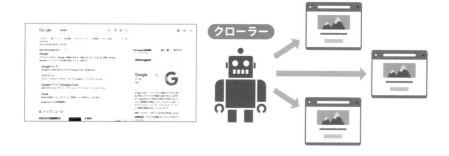

WordPressのSEO設定の基本

❶ インデックスの設定を確認する

新しいWebページを公開すると、基本的には数時間〜数日でクローラーに**インデックス**（データベースに登録）されます。

WordPressには、ダッシュボードのナビゲーションメニューの「設定」➡「表示設定」に**「検索エンジンがサイトをインデックスしないようにする」**という項目があります。**インデックスしてもらうためには、チェックが外れている状態**にしておきます。

サイト公開前などでページをインデックスさせたくない場合は、この部分にチェックを入れて設定を保存しておきましょう。

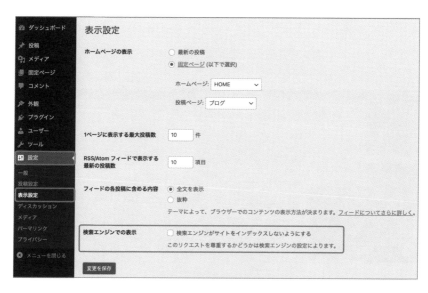

❷「何を発信しているページなのか？」をクローラーに伝える

　Webサイトで発信している概要をクローラーに伝えるためには、**タイトル（title）**と**ディスクリプション（description）**を設定することが重要です。

　タイトルとディスクリプションとは、検索結果に表示されるタイトルと短い説明文です。タイトルとディスクリプション に、Webサイトの内容を簡潔にわかりやすく設定しておくことで、クローラーにWebサイトの情報を認識してもらいやすくなります。

　WordPressの場合、**[設定]** ➡ **[一般]** で設定できる「サイトのタイトル」がタイトル、「キャッチフレーズ」がディスクリプションにあたる場合もあります。テーマによって異なるので確認し設定しておくようにしましょう。

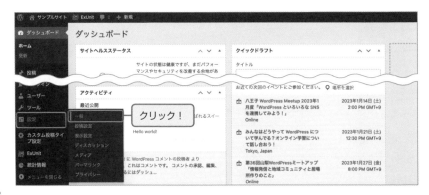

本格的な分析をしてみよう

　Webサイトを本格的に分析するためのおすすめツールには次の2つがあります。どちらもGoogleが提供する無料のサービスです。

Googleアナリティクス

　アクセス数や流入経路など、主に**Webサイトに訪れた顧客の行動分析ができるツール**です。

Googleサーチコンソール

　検索されたキーワードやページのエラー表示の確認など、主に**Webサイトに訪れる前の顧客の行動分析ができるツール**です。

　そして、GoogleアナリティクスとGoogleサーチコンソールを連携することで、検索エンジンの流入からサイトに訪れたユーザーの行動までチェックすることができるので、より詳細な分析が可能になります。

Googleアナリティクスの登録方法

① Googleアナリティクスのサイトにアクセスする

Googleアナリティクスに登録し、Webサイトと連携しましょう。

Googleアナリティクスのサイトにアクセスし、**[測定を開始]** をクリックします。

② Googleアナリティクスのアカウント設定をする

設定に必要な項目を入力します。

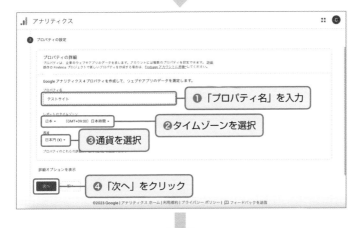

①確認してチェック

②「同意する」を選択

①必要な項目にチェックする

②「保存」を選択

❸ Googleアナリティクスで測定IDを発行する

　Googleアナリティクスの登録が完了したら、アナリティクスの測定IDを Webサイトに設定するために、測定IDを発行します。

該当するものをクリック

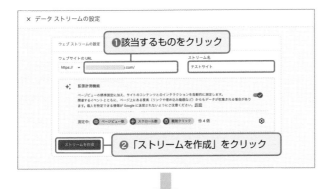

WordPressに測定IDを設定

▉ 発行した測定IDを、WordPressに登録する

[ExUnit] ➡ [メイン設定] を開き、[〈title〉タグ設定] ➡ [Google Analytics設定] をクリックし、発行した測定IDを入力し、[変更を保存] をクリックします。

▉ Googleアナリティクスの反映を確認する

WordPressに測定IDの設定が完了してから、反映が確認できると、ホーム画面に「Webサイトのデータ収集は有効です」と表示されます。反映までに数時間かかる場合もあるので、時間を置いて確認しましょう。

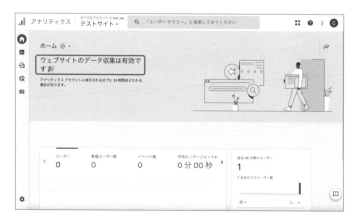

Googleサーチコンソールの設定方法

Googleサーチコンソールの登録方法

■ Googleサーチコンソールのサイトにアクセス

Googleサーチコンソールに登録し、Webサイトと連携させましょう。Googleサーチコンソールの公式ページを開き、登録を行います。

https://search.google.com/search-console/about?hl=ja

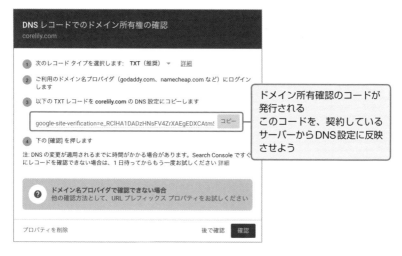

次のレコード タイプを選択します: TXT（推奨）　▼　詳細

ご利用のドメイン名プロバイダ（godaddy.com、namecheap.com など）にログインします

以下の TXT レコードを **corelily.com** の DNS 設定にコピーします

google-site-verification=e_RClHA1DADzHNsFV4ZrXAEgEDXCAtm! ［コピー］

ドメイン所有確認のコードが
発行される
このコードを、契約している
サーバーからDNS設定に反映
させよう

下の [確認] を押します

注: DNS の変更が適用されるまでに時間がかかる場合があります。Search Console ですぐにレコードを確認できない場合は、1 日待ってからもう一度お試しください 詳細

❓ **ドメイン名プロバイダで確認できない場合**
他の確認方法として、URL プレフィックス プロパティをお試しください

プロパティを削除　　　　　　　　　　　後で確認　　確認

2 レンタルサーバーからDNS設定

　ドメインの所有確認のため、ドメインを登録しているレンタルサーバーでDNS設定を行います。

　Xserverの管理画面を開き、DNSレコード設定をクリックして設定します。

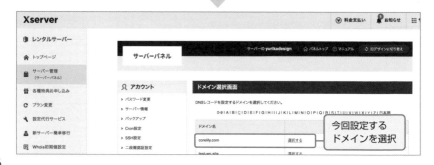

3 DNSレコードを追加

DNSレコードを追加より、当てはまる項目を選択します。

❶「TXT」を選択

❷発行されたコードを選択

❸クリック！

クリック！

237

４ Googleサーチコンソールで所有権を確認する

レンタルサーバーでDNS設定が完了したら、Googleサーチコンソール
の設定の続きに戻ります。**[確認]** をクリックし、所有権が証明されたら **[プ
ロパティに移動]** をクリックします。

> DNS設定が完了したら、
> サーチコンソールの設定画面
> に戻り「確認」をクリック

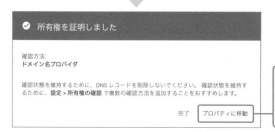

> 「所有権を証明しました」
> と表示されたら完了です。
> 「プロパティに移動」を
> クリック

設定が完了してから反映に数時間かかるので、数字が反映されるのを待ちましょう。

Googleサーチコンソールで覚えておきたい2つのこと

Googleサーチコンソールで覚えておきたいことは以下の2つです。

❶検索パフォーマンス

顧客がどのようなキーワードで検索して、Webサイトを訪れてくれたのかがわかります。

❷インデックス登録

　サーチコンソールを使うと、インデックス登録の確認とリクエストを送ることができます。

　新しいページを公開した際には、自然にインデックスされるのを待つよりも、サーチコンソールを使ってインデックス登録のリクエストを送ると早くインデックスしてもらえる可能性が高まります。

　この2つのことを行うことで、より検索上位に表示されやすくなったり、Webサイトのタイトルやキーワードを見直すための指針になります。

Web集客を安定させる 口コミを活用しよう

新規顧客と出会うために、認知活動が始まります。商品やサービスを一度利用した人がファンとなり、口コミをしてくれることで、あなたの認知が自然と広がる状態をつくれます。
口コミを活用して、Web集客を安定させましょう。

秘訣は「口コミ」をしてくれるファンの存在

　新規顧客への認知から購入までの導線作りについて解説しましたが、あなたの商品やサービスを購入してくれた人が、「○○さんのサービスはすごくいいよ！」と口コミをシェアしてくれるファンになり、顧客が顧客を呼んでくれる状態をつくることができます。

　自ら集客しなくても、集客ができるようになり、事業が安定していきます。ファーストステップの集客ができるようになったら、個人事業を安定させるために口コミをしてくれるファンを増やすことを考えましょう。

集客につながる口コミを生む3つの方法

　口コミは自然に発生するとは限りません。口コミしてもらいやすい環境をつくることが大切です。

　あなたのサービスを体験して、「○○さんのサービスすごくよかったよ！」と口コミをしてもらえる状態を作れるように、以下3つの方法を実践してみましょう。

❶ SNSでハッシュタグを活用する

あなたの商品やサービス専用のハッシュタグをつくり、顧客に感想など
を自由に発信してもらう方法です。

オリジナルのハッシュタグをつくります。そのハッシュタグから顧客の
投稿を追うことができ、顧客同士のつながりが生まれたり、新規顧客が認
知するきっかけにもなります。

❷ シェアしたくなる仕掛けをつくる

購入者が、思わずSNSに載せたくなるような特典を用意します。

例えば、サービスに参加した人限定で、参加を証明書や卒業証書を渡し
たり、限定のプレゼントをするなど、参加者が思わずシェアしたくなる仕
掛けをつくります。

顧客にも喜んでもらえ、満足度を高めることにもつながります。

❸ 紹介制度を作る

サービスを体験した方が、他の人にサービスを紹介することで優遇を受
けられるような紹介制度をつくることもおすすめです。

フィットネスクラブや美容院などでもよく使われている手法です。

顧客は、サービスを体験して喜んでいても、それをシェアするという考
えがないこともあります。

なので、こちらからシェアや口コミをしてもらえるきっかけをつくって
あげることが大切です。口コミを活用して、自然と集客が回る状態をつく
りましょう。

Webサイトで商品や
サービスを販売しよう

Web上でサービスを販売するためには、顧客が24時間いつでも自分のタイミングで購入ができるオンライン決済システムが便利です。オンライン決済システムの種類や、Web上でサービスを販売する際に必須の掲載事項などを理解しましょう。

6-1

オンライン販売の基本

オンライン販売ができると、オフラインでは届けられなかった顧客にも商品やサービスを届けられるようになり、さらに売上を伸ばすことができます。
オンライン販売を始めるための基礎知識を理解しましょう。

Webを活用してオンライン販売を始めよう

　オンライン販売とは、インターネット上で商品やサービスを販売することです。取り入れることで、24時間いつでも・どこでも、顧客のタイミングで購入できるようになります。

　オフライン販売は、店舗などのコストがかかり、顧客も購入するために店舗まで足を運んだりと、時間と手間がかかります。

個人事業主こそ、オンライン販売を取り入れよう

　Web集客に取り組む中で、顧客が商品やサービスに興味を持ち「ほしい！」と思ったタイミングで購入できないと、「やっぱり買わなくてもいいかな」と機会損失する可能性があります。

　オンライン販売を取り入れ、顧客のタイミングでいつでも購入できる仕組みを用意しておきましょう。

オンラインで決済ができるシステム

オンライン販売できるシステムやサービスには、大きく次の2種類の方法があります。

❶ 自分の商品を出品する販売プラットフォームの活用
❷ Webページにオンライン決済システムを導入する方法

❶自分の商品を出品する販売プラットフォームの活用

商品の種類やアプリごとに次のようなサービスがあります。

スキルシェアサービス	ココナラ、クラウドワークス
ECサイトや専用アプリ	楽天、Amazon、minne、Creema

スキルシェアサービスとは、専門知識やスキルをネット上で商品として販売できるサービスです。

販売プラットフォームを利用するメリットは、Webページを用意しなくても、サービスに登録し、出品すればすぐに販売を始められることです。

また、プラットフォームには見込み客が頻繁にアクセスするので、商品を見つけてもらいやすいメリットがあります。

デメリットとしては、**登録料や販売手数料などの利用料**がかかることが挙げられます。

❷Webページにオンライン決済システムを導入する方法

オンライン決済システムに登録し、自分で用意したWebページ上で銀行振り込みやクレジットカードなどの決済をできるようにする方法です。

決済が発生した場合の**決済手数料のみで利用できる**サービスが多いので、固定コストを抑えることができます。

販売のWebページで商品を購入してもらうので、他の商品が目に入って、迷われるようなこともありません。そのため、**Web集客の仕組みをつくる上では、❷の方法がおすすめです。**

6-2

オンライン決済システムを導入しよう

オンライン決済システムは、ネット上で決済を行うことができ、個人・法人問わず、さまざまなサービスに利用できます。利用できるサービスの種類や設定方法について学びましょう。

オンライン決済システムとは

　オンライン決済システムとは、ネット上で決済を行うことができるシステムのことです。個人・法人問わず利用でき、24時間いつでも・どこでも決済できる便利なツールです。

　オンライン決済が利用できるサービスには、**ECサイト**を構築できるものや**予約システム**を導入できるものなど、さまざまな種類があります。

　それぞれのサービスの特徴をまとめた表で確認してみましょう。

サービス名	特徴	利用料
❶Square	ネットショップや決済リンクの作成ができるオンライン決済システム。お店のキャッシュレス決済の導入も可能	料金：月額・初期費用なし 決済手数料：3.6%〜 　　　　　　（決済成立ごと）
❷Stripe	大企業や中小企業、個人事業主まで幅広く利用されているオンライン決済システム。	料金：月額・初期費用なし 決済手数料：3.6% 　　　　　　（決済成立ごと）
❸Paypal	Paypalアカウントがあれば、オンライン決済や送金が簡単にできるサービス。サブスクリプションの設定も可能。	料金：月額・初期費用なし 決済手数料：1件あたり2.9% 　　　　　　＋JPY 40.00〜
❹STORES	ネットショップの開設、予約システムの導入、キャッシュレス決済などが利用できるサービス。	月額料金：フリープランは 　　　　　　月額0円 決済手数料：3.6〜5%
❺Shopify	ECサイト制作サービス。豊富なテンプレートを使ってECサイトを簡単に作成できます。他にも、決済リンクの作成などが簡単にできる機能も。	月額料金：$1.00〜 決済手数料：3%〜

※2023年1月執筆時点でのものです。契約の際に再度、ご自身でお確かめ下さい。

シンプルに**オンライン決済システムのみを利用する場合**は、月額料金がかからない❶❷❸のいずれかがおすすめです。

予約の伴うレッスンや講座などのオンライン決済は❹がおすすめです。

ECサイトの作成や、**複数の商品を購入できるカート機能をWebサイトなどにも利用したい場合には❺**が便利です。

利用したい機能に合わせて、導入するツールを検討しましょう。

クレジットカードでの決済を利用するためにはサービス提供会社による**審査が必要**で、審査期間は各サービスによって異なります。

オンライン決済システムの登録をしてから、実際に決済機能が使えるようになるまで時間がかかる場合もあるので、導入のタイミングには注意しましょう。

オンライン決済サービス「Square」を使ってみよう

Squareを利用すると、店舗の**キャッシュレス決済**やネットショップ開設から**オンライン販売・決済**ができます。オンラインで簡単に申し込みができ、最短当日に審査が完了して利用できることが特徴です。

初期費用や月額料金はかからず、決済ごとに決済手数料が発生します。決済方法によって異なりますが3〜4%程度です。オンライン販売では、販売したい商品を登録して、商品販売のリンクを作成したり、QRコードやWebサイトへの埋め込みコードも生成することができます。

決済サービス「Square」のアカウントを登録しよう

Squareを利用して、商品を販売するために必要な手順は、❶アカウント登録と❷商品登録の2ステップになります。

❶ Squareのアカウント登録
❷ 販売する商品の登録

クレジットカード決済の審査に数日かかる場合もありますが、登録と設定自体は30分程度で簡単に行うことができます。

❶ Squareのアカウント登録をしよう

▌ オンライン決済サービス「Square」の公式サイトを開く

オンライン決済サービス「Square」の公式サイトを開き**[今すぐ申し込む（無料）]**をクリックします。

https://squareup.com/jp/ja

❷ アカウントを作成する

各項目を入力して**[続行]**をクリックします。

3 あなたの事業について設定する

事業形態を選択し、各項目を入力しましょう。入力が完了したら **[続行]** をクリックします。

❹ 個人情報を設定する

続いて、個人情報の設定が開きます。各項目を入力して[続行]をクリックします。

❺ 店舗またはオフィスを設定する

あなたの店舗またはオフィスについて設定します。この項目は、商品を購入してくれた顧客へ販売元の情報として記載されます。

6 売上金の受取口座を設定する

各項目の入力をして [続行] をクリックします。

7 アカウント登録完了！

　アカウント登録が完了し、アカウント審査が行われます。審査結果は1〜2営業日以内に登録のメールアドレスに届きます。ログインをクリックすると、管理画面が開きます。

8 Squareの管理画面を開く

アカウント審査中も、Squareの管理画面から操作を行うことが可能です。
管理画面から、商品の登録、売上や顧客情報の管理ができます。

　Squareでアカウントを登録すると、登録完了メールと銀行口座の審査についてのお知らせのメールが届きます。銀行口座の審査とは登録した銀行口座が問題なく使えるかを確認するもので、審査には数日かかる場合があります。

　審査が完了すると、審査通過のメールが届きます。審査を通過するまでは売上金の受取ができないので注意しましょう。

▌登録後にすぐ届く通知メール

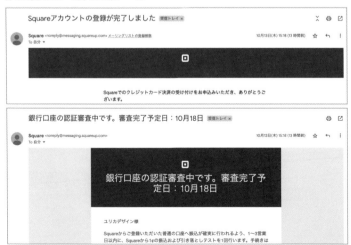

■ 審査完了後に届く通知メール

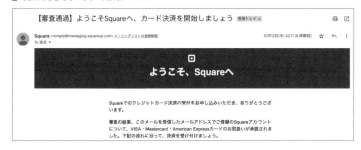

❷ 商品を登録して購入リンクを作成しよう

　アカウントの登録が完了したら、販売する商品を登録して、購入リンクを作成しましょう。

1 商品登録ページを開く
　管理画面の左側にある［商品］のメニューをクリックします。

2 商品を登録
　商品を登録したり、管理することができる商品ライブラリが開きます。今回は新しく販売する商品を登録するため［商品を登録］をクリックします。

3 商品の詳細を設定

商品の詳細を設定する画面が開きます。各項目を入力、右上の［**保存**］
をクリックします。

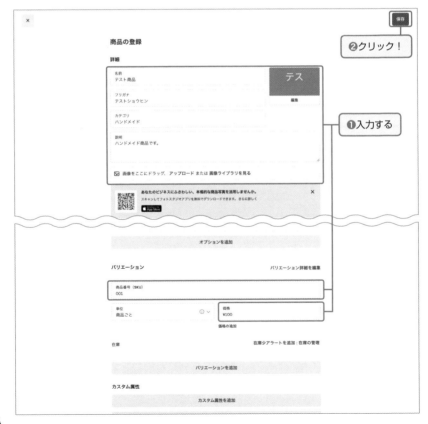

■ オンライン販売を有効化する

　商品を保存すると、ライブラリに商品が登録され、一覧表示されます。
登録した商品を、オンライン販売できるように設定します。

　商品ライブラリに表示されている登録した商品をクリックし、商品編集
ページの下部にある**[オンライン販売の有効化]** をクリックします。

5 リンクを設定する

リンク設定の画面が開きます。特定商取引法の遵守について確認し、チェックを入れたら [**リンクを作成**] をクリックします。

6 商品ページを確認する

　作成されたリンクをコピーして、ページを開いてみましょう。商品登録で設定した商品を購入するページが開きます。

　商品ページの**「お会計ボタン」**をクリックすると、決済ページが開き、必要な情報を入力することでオンライン決済ができます。

クリック！

6-3

オンライン販売に必要な掲載事項

オンライン販売を行う際には、事業者と顧客が安心して取引できるように特定商取引法に基づく表記やプライバシーポリシーなどの記載が必要です。トラブルを防ぎ、顧客に安心して購入してもらえるようにしっかり情報を掲載しましょう。

オンライン販売に必要な掲載事項とは

オンライン販売を行う際には、トラブルを防ぎ、事業者と顧客が安心して取引できるように掲載が必要な事項があります。

オンライン販売に必要な掲載情報はこの2つ！

❶ 個人情報の取り扱いについて明記したプライバシーポリシー
❷ 販売者の情報をまとめた特定商取引法に基づく表記

プライバシーポリシーとは、ユーザーがオンラインショップを介して商品を購入する際にお預かりする、名前やメールアドレス、住所などの個人情報の取扱に関してのお約束を明記したものです。

特定商取引法に基づく表記は、商品を販売する販売者の情報を消費者のためにわかりやすくまとめたものです。

どのような情報を掲載すればいいの？

プライバシーポリシー、特定商取引法に基づく表記、具体的にどのような情報を掲載すべきなのか一つずつ確認しましょう。

掲載すべき内容は、販売する商品やサービスや内容によって異なります。

解説する内容は基本的な内容になるので、あなたのオンライン販売の商品に合わせて掲載すべき情報を載せましょう。

　作成する際は、自己流で作成するのではなく、弁護士にリーガルチェックを依頼するようにしましょう。または、下記のような**法律文書作成サービス**などを利用するのもいいでしょう。

　顧客とのトラブルを避け、事業者も顧客も気持ちよく取引ができるように、それぞれの情報を用意しましょう。

■ 弁護士監修の法律文書ジェネレーター「KIYAC」（https://kiyac.app/）

特定商取引法に基づく表記

　表記すべき内容は、販売商品や内容によって異なりますが、記載が必須の項目は以下のような基本情報になります。

- 販売事業者・会社名
- 販売責任者
- 所在地
- 連絡先（メールアドレス、電話番号）
- 販売価格
- 支払いに関して
- 返品・交換の条件

特定商取引法については、消費者庁が運営する「特定商取引法ガイド（https://www.no-trouble.caa.go.jp）」で詳細を確認できます。

プライバシーポリシーの内容

プライバシーポリシーでは、お預かりする個人情報の内容や管理方法に合わせて、以下のような内容を表記する必要があります。

- どのような個人情報をお預かりするのか
- 個人情報をお預かりする目的
- 個人情報の管理方法
- 個人情報をお預かりする事業者、責任者

オンライン販売は非常に便利ですが、きちんとルールを決めておかないと後々トラブルになりかねません。オンライン販売に取り組む上で、トラブルを防ぎ、顧客が安心して購入できるように掲載すべき情報をきちんと揃えておきましょう。

おわりに

　本書を通して、Web集客のさまざまな方法についてお伝えしましたが、Web集客に取り組む上で一番大切なことは、**お客さまとの信頼関係を築き、本当に必要としてくれる人にサービスを届けること**です。

　あなたがどんなに素敵な商品やサービスを提供していても、知ってもらわなければ本来の価値を発揮できません。また、売上を上げるためだけに、必要以上に不安を煽ったり、押し売りをする等、相手を不快にさせる集客方法を実践してしまうと、あなた自身の信頼を失ってしまいます。

「この商品やサービスで、こういう人の力になりたい！」
　あなたはきっと、そんな情熱を持って今の事業を立ち上げたのではないでしょうか。
　あなたの商品やサービスで喜ばせたい相手が、必ずいるはずです。だからこそ、あなたの素敵な想いと商品やサービスを、その相手にしっかり届けてほしいと思っています。

「こんな素敵な商品やサービスを作ってくれてありがとう！」
　そんなふうに喜んでもらえるように、お客さまとの信頼関係を大切に、Web集客に取り組んでもらえたら嬉しいです。

　Webを活用して、あなたの商品やサービスが多くの人に届き、たくさんの笑顔が増え、幸せの輪が広がりますように。
　最後まで本書を読んでくださり、ありがとうございました。

INDEX

262

本書についてのご注意

- ●本書は2023（令和5）年1月現在の情報に基づいています。
- ●本書に記載されているURL等は予告なく変更されることがあります。
- ●本書の出版にあたって正確な記述に努めましたが、著者および出版社は本書の内容に対して何らかの保証をするものではなく、内容やサンプルに基づくいかなる事柄も一切の責任を負いません。
- ●本書に記載されている企業名・製品名は、一般に各社の商標または登録商標です。
- ●本書において生じた損害および結果について、著者および株式会社ソーテック社は一切の責任を負いません。個人の責任の範囲にて実行ください。

ゼロから学べる
フリーランスとスモールビジネスのための
WordPress&SNS Web集客実践講座

2023年2月25日　初版第1刷発行

著　　　者	泰道ゆりか
発 行 人	柳澤淳一
編 集 人	久保田賢二
装　　　丁	植竹裕（UeDESIGN）
イラスト	北村篤子（アトリエマッシュ）
発 行 所	株式会社　ソーテック社
	〒102-0072 東京都千代田区飯田橋4-9-5　スギタビル4F
	電話：注文専用　03-3262-5320
	FAX：　　　　　　03-3262-5326
印 刷 所	図書印刷株式会社